力学与工程

王青春　著

中国石化出版社

内 容 提 要

　　本书主要内容包括力学与桥梁工程、力学与建筑工程、力学与地下工程、力学与水利工程、力学与采矿工程、力学与机械、力学与航空航天、力学与煤矿瓦斯。书中不做具体的、系统的理论推导，而是对工程中所包含的一些力学原理进行定性的、深入浅出的介绍和分析，阐明力学的基本概念和研究方法。

　　本书可作为提高社会大众和在校学生综合知识与文化素质的科普读物，也可作为高等院校相关院校师生的参考用书。

图书在版编目 (CIP) 数据

力学与工程 / 王青春著. —北京：中国石化
出版社，2021.8
ISBN 978-7-5114-6410-1

Ⅰ . ①力… Ⅱ . ①王… Ⅲ . ①应用力学-研究
Ⅳ . ①O39

中国版本图书馆 CIP 数据核字（2021）第 162784 号

中国石化出版社出版发行

地址：北京市东城区安定门外大街 58 号
邮编：100011 电话：(010)57512500
发行部电话：(010)57512575
http://www.sinopec-press.com
E-mail：press@sinopec.com
北京富泰印刷有限责任公司印刷
全国各地新华书店经销

*

710×1000 毫米 16 开本 8 印张 151 千字
2021 年 8 月第 1 版　2021 年 8 月第 1 次印刷
定价：36.00 元

前言
PREFACE

　　力学是研究力对物体作用的科学，是自然界科学中最古老的一门科学，它不仅奠定了科学大厦的基础，而且始终贯穿着整个自然科学的研究，同时又是众多应用科学的基础。土建、机械、水利、航空等工程都以力学为基础，在这些工程中遇到的许多重大难题基本上都是力学问题。不仅如此，力学的建模方法还应用到了经济、管理和金融等领域，力学已从基础学科发展成以工程技术为背景的应用学科，它几乎渗透到各个领域。

　　为了让各专业的学生了解力学，华北科技学院开设了通识课程——力学与现代生活。《力学与工程》由华北科技学院多位力学教师和相关专家反复调研总结而成，也是通识课程的教学成果之一。

　　本书主要内容包括力学与桥梁工程、力学与建筑工程、力学与地下工程、力学与水利工程、力学与采矿工程、力学与机械、力学与航空航天、力学与煤矿瓦斯。本书通过分析工程中所遇到的力学问题，阐述力学的基本方法、基本概念和基本内容。书中不做具体的、系统的理论推导，而是对工程中所包含的一些力学原理进行定性的、深入浅出的介绍和分析，阐明力学的基本概念和研究方法，从而引导读者从力学的视角观察世界，使读者认识力学学科对于人类了解世界、改造世界的重要作用。

　　本书由华北科技学院王青春统稿，前言、第 1、3、4、8 章由王青春执笔，第 2 章由刘玉丽执笔，第 5 章由石迎爽执笔，第 6 章由方秀珍执笔，第 7 章由祝乐梅执笔；华北科技学院徐景德教授、北京信维科技股份有限公司王勇也参与了部分内容的执笔。

　　本书是华北科技学院力学教研室十余年教学改革与课程建设的成果反映，是教研项目"华北科技学院应用型人才培养模式下基础力学教学研究"（编号：HKJYGH201816）的成果之一，并得到该项目的资助，书中还参考了许多国内外相关文献，在此一并表示感谢。

　　由于笔者水平所限，书中难免有欠妥之处，恳请广大读者批评指正。

目 录
CONTENTS

第一章 力学与桥梁工程

桥梁工程在交通事业中占有重要地位，它可以跨越河流、山谷，可以用于现代高速路和城市高架桥，是我们生活中不可或缺的重要建筑物，它不仅是一个功能性的结构物，而且也是一座立体的艺术品，往往是一个地区的标志物。

桥梁采用砖、石、木材、混凝土、钢筋混凝土、预应力混凝土和各种金属材料建筑而成。它的发展是一种社会文明的代表，随着新技术、新材料、新工艺的不断应用，以及桥梁上作用荷载研究的不断深入，促使人们加紧了桥梁力学问题的研究，推动了与桥梁工程有关的力学的发展；反过来，力学的研究成果也使桥梁的设计、施工及管理水平得到了进一步的提高。因此说力学在桥梁建设中起着举足轻重的作用，桥梁发展的历史也是随着人类对于力学不断认识和深化的过程，随着力学理论及应用研究的长足进步，促使桥梁建设发生了前所未有的飞跃。

第一节 桥梁发展历史与力学的关系

我国桥梁类型繁多，数量惊人，无论是古代桥梁，还是现代桥梁，在世界桥梁史上都写下了辉煌的篇章。

在桥梁的发展过程中桥梁的承载能力推动了桥梁的演化，与桥梁工程有关的力学知识也不断地用于桥梁建设中。

人类在原始时代跨越水道和峡谷是利用自然倒下来的树木、自然形成的石梁或石拱、溪涧突出的石块、谷岸生长的藤萝等。人类有目的地伐木为桥或堆石、架石为桥始于何时，已难以考证。古巴比伦王国在公元前1800年（公元前19世纪）就建造了多跨的木桥。

据史料记载，中国在周代（公元前11世纪~前256年）已建有梁桥和木浮桥，如公元前 1134 年左右，西周在渭水架有浮桥，桥长达 183m。

桥梁的雏形来自大自然，自然界由于地壳运动或其他自然现象的影响，形成了不少天然的桥梁形式。其可以分成四种基本形态，一是步石桥，浅溪中一些天然石块构成的桥，人类脚踏这些石块越过浅溪到达对岸。人类在生存过程中，不断仿效自然，在窄而浅的溪流中，用石块垫起一个接一个略高出水面的石蹬，构成一种简陋的"跳墩子"石梁桥，这是桥梁最初的一个功能。其后园林中多仿此原始桥式，称"汀步桥""踏步桥"。汀步桥介于似桥非桥，似石非石之间，无架桥之形，却有渡桥之意，有漫步石矶、听潺潺流水的意境。二是独木桥，小河边因自然倒下的树干而形成一些天然的早期独木桥，使我们能够跨越比较深的山涧或比较深的河流，也达到了桥梁最初的基本作用。桥之所以始称"梁"，也许便是因这种横梁而过的缘故。三是蔓藤桥，跨越山涧两端的藤萝纠结在一起而构成天然的悬索桥，人类通过攀爬，也能实现最初桥梁的作用。四是石梁桥，它是通过大自然的风化或者天然生长就具备跨越两岸的一个效果。如浙江天台山横跨瀑布上的石梁桥，江西贵溪因自然侵蚀而成的石拱桥(也称仙人桥)，这样的天然石桥给人类带了很多启发和启示。基于这样一些桥梁的早期形态，人类早期桥梁的类型就是这样的一个梁式桥。随着社会生产力的发展，对桥的载重能力要求不断提高，桥梁也不断由低级演进为高级，才逐渐产生各种各样的跨空桥梁。

第二节　桥梁分类与力学分析特点

现代桥梁种类众多，桥梁类型可以按用途、材质、受力特点等进行分类，桥梁按照受力体系分类有梁桥、拱桥、刚构桥、斜拉桥和悬索桥五大基本体系。除此之外，还有主要承重构件采用两种独立结构体系组合而成的桥梁，即组合体系桥。其中，梁桥以受弯为主，拱桥以受压为主，悬索桥以受拉为主。基本体系桥梁是指由上述简单的梁、柱、拱、索之类桥式的体系，受力明确、造型清晰。绝大多数的桥梁均属于基本体系桥梁。

1. 梁式桥

梁式桥是指用梁或桁架梁为主要承重结构的桥梁。其上部结构在铅垂向荷载作用下，支点只产生竖向反力。由于外力(恒载和活载)的作用方向与承重结构的轴线接近垂直，故与同样跨径的其他结构体系比，梁内产生的弯矩最大，通常需要抗弯能力强的材料。梁式桥为桥梁的基本体系之一，制造和架设均较方便，使用广泛，在桥梁建筑中占有很大比例。

梁式桥可以认为是步石桥和独木桥的一个组合，步石演进成桥墩，而独木形成桥板。早期的桥以木桥居多，因为木材，是人类更容易得到的材料。古桥的创始时期以西周、春秋时期为主，桥梁除原始的独木桥和汀步桥外，主要有梁桥和浮桥两种形式。当时由于生产力水平落后，多数只能建在地势平坦，河身不宽、水流平缓的地段，桥梁也只能是木梁式小桥，技术问题较易解决。而在水面较宽、水流较急的河道上，则多采用浮桥。

其实我们最早对于桥梁的完美认识，可以从《说文解字》一文中得到，"桥，水梁也。从木，乔声。骈木为之者。独木者曰杠。"我们也可以从汉字"桥"这个字中得到对我国桥梁的完美认识。首先这个桥的左侧是个木字的结构，说明早期的人工桥梁多数是木质的结构，右边的上面是一个飞檐，代表着我国独特的审美观点，下面是一个跨距，起到这个桥梁跨越彼此的作用，如程阳桥，它有桥板、飞檐、楼阁和桥墩。它们共同组成一个非常美好而且功能性极强的风雨桥。

但木桥也有一个缺点就是它的承载能力还是不足，随着人类生产力的发展和对承载能力需求的不断提升，木桥的材质已经满足不了要求，所以就有了石梁桥和石板桥，它的承载能力大大提升。汉朝时的梁桥，已经比较普及了。山东省沂南出土的汉墓画像石上，甚至已刻有石梁桥的图案。唐朝时期出现了不少名闻天下的石梁桥。据《大唐六典》说，天下著名的石梁桥有四座：河南洛阳的天津桥、永济桥和中桥，西安的灞桥。到了宋朝，人们战胜自然的能力提高了，在福建泉州建成了我国第一座濒临海湾的大石梁桥——万安桥，即洛阳桥。随着现代科技的不断进步和人类对于材料力学性能的不断认识，我们不仅设计和建造木质的桥梁和石质桥，还建造了钢质、混凝土的梁桥，它的承载能力和跨距也不断提升。

现代梁式桥按其所受静力可以分为简支梁桥、悬臂梁桥和连续梁桥。其中简支板梁桥跨越能力最小，一般一跨在 8～20m，连续梁桥最大跨径可达 240m。

简支梁桥：通常把主梁做成简支在墩台上，而把桥面做成连续的形式，各孔不相连续相互独立，实腹式主梁构造简单，设计和施工简便。简支梁桥随着跨径增大，主梁内力将急剧增大，用料便相应增多，因而大跨径桥一般不用简支梁。

连续梁桥：主梁连续支撑在几个桥墩上。在荷载作用时，主梁的不同截面上有的有正弯矩，有的有负弯矩，和简支梁桥相比，弯矩的绝对值均较小于同跨径桥的简支梁。因此主梁材料用量较之少。但连续梁桥主梁内有正弯矩和负弯矩，构造比较复杂。此外，连续梁桥的主梁是超静定结构，墩台的不均匀沉降会引起梁体各孔内力发生变化。因此，连续梁一般用于地基条件较好、跨径较大的桥梁上。连续梁桥的力学模型和受力计算简图如图 1-1 所示。

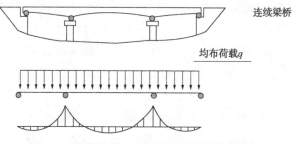

图 1-1　连续梁桥的力学模型和受力计算简图

悬臂梁桥：又称伸臂梁桥。是将简支梁向一端或两端悬伸出短臂的桥梁。这种桥式有单悬臂梁桥或双悬臂梁桥。悬臂梁桥往往在短臂上搁置简支的挂梁，相互衔接构成多跨悬臂梁。悬臂端的挠度较大，施工安装上相应要困难些。和简支梁桥相比，其力学特点是：由于支点负弯矩的卸载作用，跨中正弯矩显著减少，因此可减少主梁高度降低材料用量和结构自重，提高跨越能力。图 1-2 为双悬臂梁桥的力学模型和弯矩图。

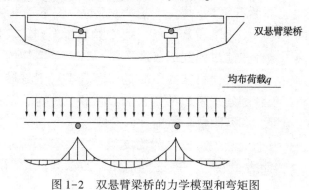

图 1-2　双悬臂梁桥的力学模型和弯矩图

2. 拱桥

1857 年由圣沃南在前人对拱的理论、静力学和材料力学研究的基础上，提出了较完整的梁理论和扭转理论。在这个时期连续梁和悬臂梁的理论也建立了起来。桥梁桁架分析(如华伦桁架和豪氏桁架的分析方法)也得到解决。19 世纪 70 年代后经德国人 K. 库尔曼、英国人 WJM. 兰金和 JC. 麦克斯韦等人的努力下，结构力学获得较大发展，能够对桥梁各构件在荷载作用下发生的应力进行分析。这些理论的发展，推动了桁架、连续梁和悬臂梁的发展。19世纪末，弹性拱理论已较完善，促进了拱桥的进一步发展。

拱桥指的是在竖直平面内以拱作为结构主要承重构件的桥梁。中国的拱桥始建于东汉中后期，已有1800余年的历史。中国建造拱桥的历史要比以造拱桥著称的古罗马晚好几百年，但中国的拱桥却独具一格。形式之多，造型之美，世界少有。拱形有半圆、多边形、圆弧、椭圆、抛物线、蛋形、马蹄形和尖拱形等，可以说应有尽有。拱桥是以承受轴向压力为主的拱圈或拱肋作为主要承重构件的桥梁，拱结构由拱圈(拱肋)及其支座组成。拱桥可用砖、石、混凝土等抗压性能良好的材料建造，大跨度拱桥则用钢筋混凝土或钢材建成，以承受产生的力矩。按拱圈的静力体系可分为无铰拱、双铰拱和三铰拱。前两者为超静定结构，后者为静定结构。

石拱桥是拱桥最原始的形态，最早出现在古希腊，罗马人继承和发展了石拱桥技术，在公元前后修建了大量精美的石拱桥。我国现存最古老的石拱桥不早于隋代，但据文献及绘画作品记载最早的拱桥可以追溯到东汉或西晋时期。

石拱桥是结构拱桥(图1-3)，是由天生石桥演变而来的结构，中国古代石拱桥是世界桥梁建筑史上一颗璀璨的明珠，其历史悠久，分布广泛，最完美的例子就是中国的赵州桥，到现在它还在完美的履行着它的功能与职责，它的构型非常优美。

图1-3　石拱桥

因为拱形桥是一种外形为弧形的建筑结构，它的受力特点完美符合石块这种脆性材料抗压不抗拉的特性，在竖向载荷的作用下，主要承受的是压力，拱脚处会产生横向推力，而拱形结构内部则基本产生轴向压力，因此，用拱形结构作为拱桥主要承载结构，可以用抗拉强度较差而抗压强度较好的石头等来建造。

对于拱桥，其受力方式与梁桥完全不同，它的拱圈承受压力与弯曲作用，而墩台承受的是一个竖向的力、弯矩以及横向的推力作用。

图 1-4 石拱桥主要结构组成

我们以中承式拱桥为例来说明其结构和受力情况，石拱桥主要组成如图 1-4 所示。拱桥主要由上部结构（主拱圈、桥面系、吊杆）和下部结构（桥墩、桥台、基础）组成。主拱圈是主要承载构件，承受桥上的全部荷载，并通过它把荷载传递给墩台和基础。

图 1-5 为石拱桥受力计算简图。拱桥的受力特点：作用于拱桥上的恒载、车道载荷、人群载荷等方向均是竖直向下的，拱桥在桥面竖向荷载作用下，为了达到力系的平衡，支撑处不仅产生竖向反力，而且还产生水平推力。由于这个水平推力的存在，拱的弯矩将比相同跨径梁的弯矩小很多，即这个水平的推力把原本由荷载产生的弯曲正应力转变成压应力或者大部分转变成压应力，而使整个拱主要承受压力。如果这个推力和支座反力以及作用在其上的载荷的合力作用点和方向刚好通过拱的轴线，这样的拱就是只受压力的拱，如果两者不重合，那就存在一定的弯矩，但一般情况下，弯矩较

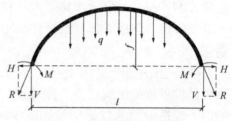

图 1-5 石拱桥受力计算简图

同跨度的梁桥小得多。这样，拱桥可充分利用抗压性能较好而抗拉性能较差的材料（如石料、混凝土、砖等）来修建。有强大水平推力的拱桥，对地基基础要求较高，因此这种结构形式桥梁多见于我国西南山区，地基情况良好的地方。

从隋朝至新中国成立的 1300 多年里，我国石拱桥技术并无明显的突破。但在新中国成立后，技术突飞猛进，跨径不断刷新，成为名副其实的石拱桥大国。

但石拱桥也因其自身的特点而限制其发展，如病害多、耐久性差是石拱桥的通病。石拱桥拱圈的连续性、整体性很差，跨度越大，对地基、石材强度及施工工艺的要求越高，任何方面的缺陷都会影响到桥梁的耐久性。由于受到材料强度低、自重大、施工困难、对地质条件要求较高等因素的制约，石拱桥在现代桥梁工程中已没有竞争力，向更大跨径的发展已没有工程意义。

石拱桥之后还有木拱桥、铁拱桥，如悉尼的海港大桥，不仅形状非常优美，它的承载能力和跨距也非常大。

中国传统的拱桥技术，在吸纳了现代计算方法和现代工艺的基础上，创造了多种新颖结构，使中国的拱桥技术始终站在世界前列。目前，石拱桥、钢拱桥、钢筋混凝土拱桥和钢管混凝土拱桥的最大跨径世界纪录均在中国。如巫山长江大桥，其位于长江三峡段的巫峡入口处，被称为"渝东门户桥""渝东第一桥"。巫山大桥属中承式钢管拱桥，主跨跨径492m，居同类型桥梁世界第一，大桥创下组合跨径、每节段绳索吊装重量、吊塔距离、拱圈管道直径和吊装高度5个世界第一，该桥已被列为世界百座名桥。

从桥梁的演进过程中，我们会发现，人类对于桥梁的认知与建设的不断增强使得对于力学性能的理解也不断深入。

3. 索桥

索桥可以视为由藤条蔓藤桥发展而来。索桥，也称吊桥、绳桥、悬索桥等。古书上名为笮桥、绳桥、絙桥皆是索桥。索桥可用抗拉性强的藤萝、竹缆甚至是铁链、铁眼杆造成，因而有藤索桥、竹索桥、铁索桥之名称。藤萝和竹子随处可见，其天然的柔韧性适合于绑扎、架设和攀岩，而其自然长度又适于远距离延伸，用其建造索桥不是一件困难的事情，如都江堰的安澜索桥。但不论是藤索还是竹索，因其材料的属性，不能持久耐用，它的抗拉能力有限，承载能力也不足，所以人类开始自己创造了一些材料，如铁索结构、柔性索桥，它的承载能力不断增强。据记载，在唐朝中期，我国就从藤索、竹索发展到用铁链建造吊桥，而西方在16世纪才开始建造铁链吊桥，比我国晚了一千年。

铁索桥一般分为悬索桥和斜拉索桥，结构简图如图1-6和图1-7所示，其特点是用铁链组成，桥面铺设或悬吊在铁索上，此类桥可以在河道中不设或少设桥墩，建造简单方便。如盘江铁索桥，在关岭、晴隆二县交界的北盘江渡口铁索桥、南京长江二桥等。

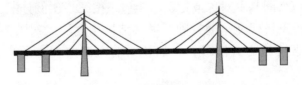

图1-6　斜拉索桥结构简图

图1-7　悬索桥结构简图

从 20 世纪 70 年代末开始，我国进入了大跨度桥梁建设的迅猛发展期。现在，长江、黄河和珠江三大水系上各种大跨度桥梁纷纷建成，海湾桥梁建设也有了良好开端。发展最为迅速的是斜拉桥，悬索桥建设也跻身国际先进行列。

悬索桥，又名吊桥（suspension bridge），指的是以通过索塔悬挂并锚固于两岸（或桥两端）的缆索（或钢链）作为上部结构主要承重构件的桥梁。其缆索几何形状由力的平衡条件决定，一般接近抛物线。从缆索垂下许多吊杆，把桥面吊住，在桥面和吊杆之间常设置加劲梁，同缆索形成组合体系，以减小活载所引起的挠度变形。

悬索桥是由主缆、主塔、加劲梁、吊索、锚碇等构成的组合体系。悬索桥的活载和恒载（包括桥面、加劲梁、吊索、主缆及其附属构件等的重力）通过吊索和索夹传递至主缆，再经过鞍座传至桥塔（主塔）顶，经桥塔传递到下部的塔墩和基础。主缆除承受活载和加劲梁（包括桥面）的恒载外，它还分担一部分横向风荷载并将它直接传到塔顶。

主缆是结构体系中的主要承重构件，直接影响到整个体系的受力分配和变形，主缆主要承受张力。主缆可通过自身几何形状的改变来影响体系平衡，具有大位移的力学特征；主缆在恒载作用下具有很大的初始张拉力，使主缆维持一定的几何形状。初始张拉力对后续结构形状提供强大的重力刚度，这是悬索桥跨径得以不断增大，加劲梁高跨比得以减小的根本原因。

主塔是悬索桥抵抗竖向荷载的主要承重构件，在外荷载作用下，以轴向受压为主，并应尽量使外荷载在主塔中产生的弯曲内力减小，以减小混凝土桥塔塔形改变，增加结构抵抗外载的能力。主塔在恒载作用下基本无弯曲内力，这是大部分已建悬索桥桥塔的受力状态。在恒、活载及地震荷载作用下，主塔正负弯曲包络图基本对称或正负弯矩包络按某一比例分配。

加劲梁是悬索桥保证车辆行驶、提供结构刚度的二次结构，主要承受弯曲内力。由悬索桥施工方法可知，加劲梁的弯曲内力主要来自二次恒载和活载。

吊索是将外荷载传递到主缆的传力构件，是联系加劲梁和主缆的纽带，承受轴向拉力。吊索内恒载初始张力的大小，既决定了主缆在成桥状态的真实索形，也决定了加劲梁的恒载弯矩，是研究悬索桥内力状态的关键。

悬索桥的优点是跨度大，缺点是气动稳定性差，容易"风吹桥晃"，甚至造成破坏。抗风设计是这一类柔性桥梁建设的关键问题。为了提高稳定性，需要流体力学方面的精心设计。悬索桥和流体力学有关，这个事实是经过塔科马峡谷桥(Tacoma Narrow Bridge)风毁事故的惨痛教训才认识到的。

斜拉桥是一种新型的桥梁，属于高次超静定结构，主要由梁、塔、斜索组成，是一个组合体系的桥梁，根据其上端的索塔构型不同，又可以分成A形、倒Y形、H形柱的形态。世界上第一座现代斜拉桥是1955年在瑞典建成的主跨182.6m的新斯物罗姆海峡钢斜拉桥。

桥梁的发展过程，是不断对桥梁受力、构型的认知以及设计的过程，同时能够推进桥梁的不断深化与演化，使得更多的新型桥梁能够得到设计和发展，如港珠澳大桥、杭州湾大桥等一系列的超大跨距桥梁。而这些桥梁的建造与力学的发展是息息相关的。

斜拉桥由于结构合理、形式简洁、跨越能力大、空气动力稳定性好等优点，在国内外得到了广泛应用。

斜拉桥结构是用许多拉索将主梁直接拉在桥塔上的一种桥梁，主要是由承压的索塔、受拉的索和承弯的梁体组合，是多次超静定结构。其中索塔主要承担锚固区传来的重力；主梁主要承担拉索水平力、承担活载弯矩；斜拉索是将主梁承担的荷载传递到塔柱或基础。可将斜拉桥看成拉索代替支墩的多跨弹性支撑连续梁，其受力特点是从索塔上伸出并悬吊其主梁的高强度钢索起主梁弹性支撑的作用，使梁体内弯矩减小，降低建筑高度，减轻了结构重量，节省了材料，加大了桥的跨越能力。

斜拉桥主梁受力图如图1-8所示，根据梁和索塔的连接情况可以视为是连续梁或简支梁，其上有两类力系，一个是梁的自重，另一个是斜拉索的拉力。这两个力系在梁中分别产生较大的内力和变形，但因为其绝对值相近而且方向相反，最终的受力状态就是这二者之差，这个相对于这两个力系单独产生的内力数值很小。主梁的承载力就是按照这个很小的差值来进行设计的。

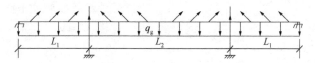

图 1-8　主梁受力图

所以，主梁就是在两个数值相近而方向相反的强大力系共同作用下处于平衡状态的构件，具有弹性支撑。其内力或位移对这两个力系都很敏感，只有其中之一发生了不大的变化，二者差就会成倍甚至几十倍的发生变化，因此，与其他桥型相比，对斜拉桥的计算有更高的要求。

但须注意，按照力学的知识可知，线弹性体系荷载与内力或位移之间的线性关系是指总的荷载与总内力或位移成正比关系，因此斜拉桥主梁结构的总内力并不与拉力和自重成正比，而是与二者的综合作用成正比。

斜拉索是斜拉桥的关键构件，有两种主要的作用，一是为主梁提供一系列的弹性支撑，当主梁在载荷作用下发生变形时，可使拉索伸长变形而受拉力，斜拉索起着弹性支撑的作用；另一作用就是因为主梁具有自重，在斜拉索安装和调索时，要进行张拉，斜拉索以其张力作为外载荷的形式作用在主梁和索塔上。因此它不是因为梁变形而引起的拉力，而是其拉力引起主梁的变形，所以可以通过调索来达到调整结构内力和变形的目的。

斜拉索承受着斜拉桥几乎所有的恒载和活载，因此是关键构件，但由于其柔度大、质量小、刚度小、阻尼小，就使得结构对风的敏感程度越来越高，尤其是大跨径缆索承重桥梁的拉索构件。至今发现的斜拉索可能发生的风致振动类型有以下几种：涡激振动、驰振、抖振、空气动力失稳、参数振动和风雨振动。

（1）涡激振动

在所有的拉索振动类型中，机理分析最清楚的就是涡激振动。涡激振动是由于风流经过结构物时，在物体背风侧产生卡门涡街，这种涡街在一定的雷诺数范围内成周期脱落，从而在横风向作用下产生周期性的荷载，若这种漩涡脱落的频率等于结构的某一固有频率，那么就要产生共振，这就是涡激振动。当漩涡的脱落频率与索的某一阶固有频率相等时，继续增大风速，漩涡的脱落频率保持不变，这种现象称之为锁定共振。

斜拉索在风或支撑端的作用下易产生强烈的涡激共振，即在风的作用下，拉索从振动的风中吸收能量，产生一种带有自激特点的受迫振动，在拉索上表现为因漩涡脱落而引起的涡激共振。

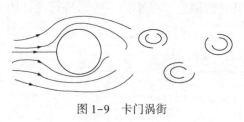

图 1-9　卡门涡街

当流体绕过圆柱体后，在尾流中将出现交替脱落的漩涡，即卡门涡街(图1-9)。

当被绕流的拉索是振动体，周期性的涡激力将引起拉索的涡激振动，当漩涡脱落频率和拉索固有频率一致时，将发生涡激共振。

由于拉索长度一般在50~400m之间，拉索的基频在0.25~2Hz之间，随长度而异。由共振条件：漩涡脱落频率与拉索频率一致。可知，能发生涡激共振的临界风速为

$$v = \frac{f_v D}{St} \tag{1-1}$$

式中　f_v——漩涡脱落频率；

　　　St——斯托罗哈数；

　　　D——圆柱体的直径。

拉索的外径约为0.2m左右，拉索的一阶涡激共振的临界风速仅有0.25~2m/s，如此低的风速所能产生的涡激力将难以提供激起拉索低阶大幅度振动的能量，故而，拉索的涡激共振一般发生在较高阶的振动，对于长拉索高达十几阶的高频振动。

从式(1-1)可以发现，漩涡脱落频率和风速呈线性关系，共振也只在拉索某一阶频率对应的某一个风速才发生。但实际上，当漩涡脱落频率与某一阶频率接近时，将引起被绕流物体较大的振动，物体和流体之间便开始了剧烈的相互作用，拉索振动体系将对风的漩涡脱落产生反馈作用，使得漩涡脱落频率在相当大的风速范围内与被拉索固有频率一致，一般称为锁定现象，这就使得涡激共振的风速范围扩大。

涡激振动由于涡振力很小，并不会产生严重的后果，只要在斜拉索上附加对数衰减率为$S = 0.01 ~ 0.015$程度的结构阻尼，就可以不考虑它的发生。但由于振风速低，故产生这种振动的机会较多，因此索端部的疲劳破坏应引起重视。

（2）驰振

驰振是一种发散性的自激振动，其中横风向驰振是指当拉索线在垂直于风向上发生微小速度，这个速度和风速合成一个对索的迎风面成一定角度的合成速度，并产生垂直于风向的力分量，这种作用不断加强，就会使索产生激烈的横风向振动，振幅可达1~10倍索直径。拉索的横风向驰振属于发散性振动，对于一些非对称圆截面的细长结构，当风速超过某一临界值后，空气中将产生空气动力负阻尼分量，促使振动逐渐增大，振动随时间而加强，直到达到极大的振幅而使结构丧失稳定，产生失稳破坏。

拉索的另一种驰振形式是尾流驰振(图1-10)，主要发生在并列斜拉索的结构上。这是由于下游索处在上游索的尾流中，即正好处在不稳定的驰振区，从而使下游索发生沿椭圆轨迹运动的大幅振动。当某一拉索位于另一拉

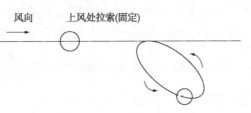

图1-10　尾流驰振

索或塔柱、桅杆等的风向下游时发生横风向振动。尾流驰振只有在下游索体的响应频率比它的旋涡脱落频率及上游索体的响应频率低时才能发生，当拉

索在来流方向前后排列时，在前排拉索的尾流区形成一个不稳定驰振区，当前后拉索的固有频率相近，如果后排拉索正好位于驰振区，其振幅就会不断加大，直至达到一个稳态大振幅的极限环。国外很多拉索桥发生过此现象，我国的武汉长江二桥上也看到过这种现象。另外，拉索的间隔在 10~20 倍拉索的直径范围内也可以看到一种称为尾流颤振的振动现象。桥梁工程师认为将拉索的对数衰减率达到 0.05 以上就可以抑制拉索的尾流驰振。

（3）抖振

抖振是一种顺风向响应，是由于紊流中的脉动成分使结构产生的强迫振动。现有的抖振分析主要集中在桥梁主梁上，而对索所受到的脉动风荷载及其响应对桥梁主梁抖振响应的影响研究很少。随着斜拉桥跨度的增加和斜拉桥密索体系的采用，斜拉索的抖振现象已越来越不容忽视。

抖振是一种限幅振动，不像驰振和风雨激振那样具有自激和发散的特性，不会引起灾难性的破坏。但是由于发生抖振响应的风速低、频率高，因此会使拉索在接头或者支座等构件细部发生局部疲劳破坏。增加阻尼可以有效地抑制抖振现象。

因抖振实际是由于平均风速的风速脉动引起的结构随机振动，对斜拉索及任何一种柔性结构都会产生直接的影响，由于持续时间长，容易使拉索产生疲劳破坏。这种影响随着风速的增大而增加。但由于在恒载作用下的拉索内力很大以及空气动力阻尼的作用，抖振的幅值较小，然而抖振会产生一种特殊的空气动力失稳。

（4）空气动力失稳

当拉索截面不是标准的圆形截面时，它的形状可能会导致斜拉索的横向弛振。这种振动是由于气流与结构物之间的相互作用，空气动力阻尼的影响，使结构成为负阻尼振动，不断对振动输入能量，使振动发散。由 DenHartog 判据可知，当风垂直通过标准圆形截面的拉索时，不会产生横风向弛振。然而，当索的表面形状发生改变，如冰霜附在索表面，或风以一定的攻角作用在拉索上，不稳定的弛振有可能发生。另外一种空气动力失稳表现为顺风向发散振动；当阻力系数与风速满足关系 $\frac{\partial C_d}{\partial U} < -2\frac{C_d}{U}$，气动力将使振动加剧，产生不稳定的顺风向振动。

（5）参数振动

拉索两端是和其他结构物相联系的，其他结构物的振动势必造成拉索承受周期性弦向力。在风或交通荷载作用下，桥面或桥塔会发生振动，当周期性弦向力的变化频率为拉索的自振频率 2 倍时出现的大振幅即为参数共振。

从理论上讲，这是因为拉索端部以拉索固有频率倍数振动时，相当于给拉索附加一个负阻尼力，当拉索本身的初始阻尼不能消耗负阻尼力提供的能量时，拉索就会产生发散的不稳定自激振动。而实际上，由于拉索的振动与作为支撑点的桥塔和桥面的振动是相互牵制的，桥梁结构的振动不会是发散振动，拉索的横向振动也不可能出现一般参数共振所具有的发散现象，而是一种限幅的参数振动。非线性参数振动一般为低阶时最明显。当激励作为参数出现在系统中，并且随时间变化，这样的激励称为参数激励。与外激励不同的是，当参数激励频率接近系统的某一固有频率的 2 倍时，小的激励会产生大的响应。参数振动与其说是空气动力问题，不如说是结构问题。

（6）风雨振动

在拉索的风致振动中，风雨振动是最激烈的振动之一。在中等风速并伴有中等强度降雨的气候条件下，拉索极易发生由风雨导致的所谓风雨振动，引起斜拉索发生的大幅振动。

如直径为 14cm 的斜拉索在 14m/s 风速作用下振幅达 55cm，但在仅有风的作用时则不会出现这种现象。这是因为在干燥气候下气动稳定的圆形截面拉索，在风雨作用下，由于水线的出现，将改变拉索的截面形状，使其失去在气流中的稳定性，由此使得拉索很容易发生一种大幅振动，这种振动就称为风雨振动，这也是斜拉索风致振动中最强烈的一种。由于风雨振动是结构、风、雨三者相互作用发生的结果，使得风雨振动的振动机理比较复杂。

通过多年的实际桥梁监测和风洞试验，总结出拉索风雨振动发生的一些条件：

风：风雨振动发生时的风速一般为 6~20m/s。当风速达到某一特定值时，雨水在空气浮力的作用下克服了重力和索表面的附着力后爬上斜索的上表面形成一条上水路，斜索于是开始发生振动，当风速进一步增大到某一值时，上水路被吹至索的背风侧或吹离斜拉索表面，斜索的振动反而减小。紊流强度对风雨振动的影响很大，当紊流强度达到 15%时，可以消除风雨振动。紊流强度小时形成水路要容易得多，而在大的紊流度下，水路的运动很容易受到干扰。

雨：雨是拉索发生风雨振动的必要条件，其强度与风和拉索构成了发生风雨振动的充分条件。但雨量强度对风雨振动的影响程度还在进一步研究中。上水路的形成是斜拉索发生风雨振动的基本条件，这也就是顺风向向上倾斜的斜索由于不会形成上水路而不会发生风雨振动，而顺风向向下倾斜的斜索才会发生风雨振动。试验还发现，当斜索发生风雨振动时，上水路将会与索同时做竖向振动且在索表面做圆周运动。

拉索的特性：表面光滑的斜拉索，例如有 PF 索套的，易发生风雨振动。PE 包裹的拉索对风雨振动较敏感。发生风雨振动的拉索直径一般为 8~20cm。长索发生风雨振动的可能性较大，一座桥上可能有多根拉索同时发生风雨振动，且桥塔后面的背风面倾斜索较易被激起振动。在来流方向，桥塔下游索比桥塔上游索容易起振，但有时桥塔上下游同时或单独振动。

风雨振动容易造成拉索和锚具的疲劳，引发桥面振动，严重影响桥梁的安全运营。因此，其抗风稳定性已成为制约设计的重要因素之一。

4. 刚构桥

刚构桥主要承重结构采用刚构的桥梁，即梁和腿或墩台构成刚性连接。刚构桥的主要承重结构是梁与桥墩固结的钢架结构，梁和柱的连接处具有很大的刚度，以承担负弯矩的作用。由于墩梁固结，使得梁和桥墩整体受力，桥墩不仅承受梁上荷载引起的竖向压力，还承担弯矩和水平推力。刚构桥在竖向荷载作用下，梁的弯矩通常比同等跨径连续梁或简支梁小，其跨越能力大于梁桥；墩梁固结省去了大型支座，结构整体性强、抗震性能好。因此，预应力混凝土刚构桥是目前大跨径桥梁的主要桥型。

刚构桥体系特点：恒载、活载负弯矩卸载作用基本与连续梁接近；桥墩参加受弯作用，使主梁弯矩进一步减小；弯矩图面积小，跨越能力大，在小跨径时梁高较低；超静定次数高，对常年温差、基础变形、日照温均较敏感。

刚构桥按照其结构形式分为：门式刚构桥、斜腿刚构桥、T 形刚构桥、V 形刚构桥、连续刚构桥等。

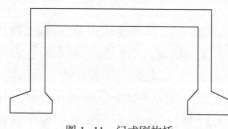

图 1-11　门式刚构桥

（1）门式刚构桥

如图 1-11 所示，其腿和梁垂直相交呈门形构造，可分为单跨门构、双悬臂单跨门构、多跨门构和三跨两腿门桥。前三种跨越能力不大，适用于跨线桥，要求地质条件良好，可用钢和钢筋混凝土结构建造。三跨两腿门构桥，在两端设有桥台，采用预应力混凝土结构建造时，跨越能力可达 200 多米，主要用于中小跨度的跨线桥，建筑高度小。

（2）斜腿刚构桥

斜腿刚构桥的受力形式接近拱桥(图 1-12)，可获得较大跨度或较小的梁高。桥墩为斜向支撑的刚构桥，腿和梁所受的弯矩比同跨径的门式刚构桥显著减小，而轴向压力有所增加；同上承式拱桥相比不需设拱上建筑，使构造简化，桥形美观、宏伟，跨越能力较大，适用于峡谷桥和高等级公路的跨线桥，多采用钢和预应力混凝土结构建造。如 1982 年建成的铁路桥安康汉江桥，主跨为 176m。

图 1-12　斜腿刚构桥

（3）T 形刚构桥

T 形刚构桥（图 1-13）是在简支预应力桥和大跨钢筋混凝土箱梁桥的基础上，在悬臂施工的影响下产生的。其上部结构可为箱梁、桁架或桁拱，与墩固结形成整体，桥形美观、宏伟，适用于大跨悬臂平衡施工，可无支架跨越深水急流，避免下部施工困难或中断航运，也不需要体系转换，施工简便。

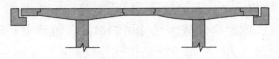

图 1-13　T 形刚构桥

（4）连续刚构桥

连续刚构桥用于柔性墩或大跨度高墩桥梁，分主跨为连续梁的多跨刚构桥和多跨连续刚构桥，均采用预应力混凝土结构，有两个以上主墩采用墩梁固结，具有 T 形刚构桥的优点。但与同类桥（如连续梁桥、T 形刚构桥）相比：多跨刚构桥保持了上部构造连续梁的属性，跨越能力大，施工难度小，行车舒顺，养护简便，造价较低，如广东洛溪桥。多跨连续刚构桥则在主跨跨中设铰接，两侧跨径为连续体系，可利用边跨连续梁的重量使 T 构做成不等长悬臂，以加大主跨的跨径。

红河大桥是云南元江至磨黑高速公路上规模最大的一座桥梁，跨越红河，采用预应力混凝土连续刚构，此桥长 801m，宽 20 余米，桥的最大跨径 265m，是中国第三大跨径桥，桥面距江面高度 163m，是当时同类同型桥梁中的世界第一高桥。

（5）V 形墩刚构桥

V 形墩刚构桥，内部高次超静定，外部接近连续梁，由于这种桥型具有梁式桥、斜腿刚架桥的特点，外形美观、结构匀称、上下线条平斜结合，独具一格，与周围环境配合得当能够相得益彰，适合于对景观要求比较高而跨径不是要求很大的地方。

现代的预应力混凝土 V 形支撑桥梁，包括 V 形支撑连续梁和连续刚构。它在体系上属于连续梁桥，与常规的连续梁和连续刚构有许多共同的地方，同时也有自己的特点，是连续梁桥家族中的比较特殊的一种。预应力混凝土V形支撑桥梁除了具有变形小、结构刚度好、行车平顺舒适、伸缩缝少、养护简单、抗震能力强等连续梁桥的优点外，还有一些自身的优点：

① 结构受力比较合理。V形支撑桥梁上部结构仍保持了连续梁的特点，但要计入因墩梁固结导致的下部结构对上部结构的影响，它与没有斜撑的同跨径连续梁相比，跨径减小，负弯矩值大幅度地减小，大体只相当于斜撑间梁长的连续梁弯矩。与此同时，正弯矩值也会有所减小。

② 结构刚度大大提高。由于V形支撑的存在，极大地增加了支点附近梁的刚度，相应减小了跨径，使结构的挠度减小。与此同时，减小了墩身的高度，也使桥梁的水平刚度增大。

③ 结构构件尺寸减小，造价经济，降低桥高。由于V形支撑结构减小了弯矩，增大了刚度，因此构件截面尺寸可以减小，可降低桥高，节约材料用量，造价经济。一般认为，V形支撑结构比连续梁经济10%~15%左右。

④ 桥梁轻盈美观。由于带有斜撑，结构除水平线条以外，还存在倾斜线条，加上构件尺寸较小，使桥梁显得非常轻盈美观，尤其适合于在城市和景观要求较高的地区采用。

自然，V形支撑结构也具有相对不利的一面：

① 设计比较复杂。V形支撑连续梁和连续刚架，斜撑与梁和墩身如刚接，其交叉处受力比较复杂。V形支撑的梁在外载作用下，会出现拉力，必须细致地研究处理，避免出现裂缝。V形支撑本身的刚度也应选择得当，不宜过大，避免温度内力过大。

② V形支撑施工较麻烦。V形支撑的施工，是该类结构技术难点之一。有的桥梁采用劲性骨架，支模浇筑，用粗钢筋对拉；有的桥梁搭临时支架浇筑等。不过，这些不利方面基本属于常规施工，还是不难解决的。

5. 组合体系桥

主要承重构件采用两种独立结构体系组合而成，如拱和梁的组合、梁和桁架的组合、悬索和梁的组合、刚构拱组合体系桥等。组合体系可以是静定结构；也可以是超静定结构，可以是无推力结构；也可以是有推力结构；结构构件可以用同一种材料，也可以用不同的材料制成，常见的有以下几种。

（1）拱、梁组合体系桥

梁拱组合体系桥是出现最早也是应用最多的组合体系拱桥，基本形式有简支梁拱组合桥梁和连续梁拱组合桥梁两种。前者只用于下承式，拱肋结构一般为钢管混凝土和钢筋混凝土，桥面上常设风撑。简支梁拱组合桥梁，主要承重结构处于拱肋外，还有加劲纵梁，它与横梁组成平面框架，由吊杆上下联系以达到共同受力的目的。

根据拱梁间的刚度变化，当梁的刚度远大于拱肋时，为柔拱刚梁，此时拱基本上只承受轴力不承担弯矩；当拱肋的刚度远大于纵梁时，为刚拱柔梁（也称系杆拱），纵梁只承担轴力，不承担总体弯矩，当纵梁与拱肋的刚度介乎其间时，就称为刚梁刚拱。连续梁拱组合桥梁可以是上承式、中承式及下承式，也可以是多肋拱、双肋拱或单肋拱与加劲梁组合。这种桥型跨越能力大，本身刚度大，造型美观。如1983年建成的台湾关渡桥，为5孔连续中承式拱梁组合体系公路桥，主跨为165m。

（2）梁、桁架组合体系桥

梁、桁架组合体系桥，桥面荷载直接作用在弦杆上，弦杆如同一个桁架节间长的实腹梁。

在早年修建的上承式钢桁架桥中，采用系杆拱的形式，其桥面荷载直接作用在上弦杆上，拱、梁组合体系以钢结构较多，使上弦杆如同一个桁架节间长的实腹梁，此即梁和桁架组合的雏形。苏联在1948年曾建成一座跨度66m的下承式梁和桁架组合体系的铁路桥，为全焊结构。拱、梁间吊杆采用的斜向交叉形式，后又照此桥型试编了标准设计，跨度为44m、55m、66m、88m和110m等5种。

2012年开工建造的苏州新斜港大桥，是苏州城区首座全钢结构的双层桥，整体造型按照中国古典乐器筚篥进行设计，是梁、桁架拱组合体系桥。

（3）索、梁组合体系桥

索、梁组合体系桥，如有加劲梁的悬索桥。21世纪，大跨度桥梁向更长、更大的方向发展。保证桥梁在气动、地震和行车动力作用下的安全性和稳定性，将截面做成适应气动要求的各种流线型加劲梁，增加特大跨度桥梁的刚度，并采用以斜缆为主的空间网状承重体系。许多学者已经论证，简单悬吊体系将无法解决横向风产生的结构横向位移对交通安全的影响问题，因而主张当跨度大于3000m以上时，采用吊拉协作体系，并提出了设计方案。悬索斜拉体系桥从结构本身提高了桥梁的跨越能力和审美效果。如南浦大桥、杨浦大桥、山东惠青黄河公路大桥均属此类体系。

（4）刚构拱组合体系桥

刚构拱组合体系桥主要分为两类：连续刚构拱组合体系桥和斜腿刚构拱组合体系桥。连续刚构拱组合体系桥，从结构受力来看，梁体自重主要由梁承担，二期恒载和活载由梁、拱共同承担，各自力的大小受梁、拱刚度和柔性吊杆面积大小的影响。荷载在梁、拱中产生的内力大部分转变为它们所形成自平衡体系的相互作用力。拱的水平推力与梁的轴向拉力相互作用，梁拱截面的总弯矩效应主要表现为拱受压、梁受拉；跨中剪力主要由拱压力的竖向分力平衡。大部分外部永久荷载不产生对桥墩的水平推力，其结构性能已不同于一般的梁拱组合体系桥，经济技术指标优良，外形美观，结构轻巧。

广州新光大桥、菜园坝长江大桥均是刚构拱组合体系。新光大桥全长1083.2m，其中主跨428m，南北两个边跨各177m，其余梁式桥段单跨50m；桥面宽度37.22m，其中车行道全宽24m、人行道全宽6m。新光大桥是世界上首座由钢桁拱与V形刚构组合的拱桥，主桥为三跨连续刚构钢桁拱桥，引桥采用三跨预应力混凝土连续箱梁。为释放在成桥阶段升降温度使桥面结构产生巨大水平力，大桥主跨的桥面结构设计成半漂浮结构体系；桥面结构通过吊杆或三角刚构上单向活动的球形钢支座相连，由球形钢支座传递车辆制动力，并在三角刚构与边跨桥面结构连接处设置240型大位移毛勒式伸缩缝。为使大桥主桥的主、边跨传给三角刚构的竖向反力平衡，中跨桥面结构和系杆分别采用钢-混凝土组合结构和钢丝束拉索，边跨系杆及桥面横梁、边跨桥面纵梁及桥面板分别采用预应力混凝土和钢筋混凝土结构。这种设计既充分发挥连续刚构桥的优良性能，又释放主跨桥面结构可能产生的巨大水平温度力，还通过边跨系杆与桥面混凝土结构的重量平衡主跨的重量，减少桥面结构用钢量，消除主、边跨对基础产生的不平衡弯矩。

组合体系桥并不是简单地将两种或两种以上的基本结构体系组合在一起。当不同结构体系组合在一起时，首先要考虑这种组合是否能获得优势，这种优势是否有价值；其次还要考虑到，各种基本体系桥均有不同的特点，也有各自不同的适应性，组合在一起并获得某些优势时，也常常带来一些新的问题，这些新的问题是否可以通过采取一些措施来解决。

第三节　桥梁事故中的力学问题

1. 魁北克大桥(Quebec Bridge)垮塌的力学问题

力学的不断演进会促进桥梁构件、材料的不断发展，桥梁的建设过程中所存在的问题以及事故也会反过来让我们重新对力学理论进行审视，魁北克大桥就是促使压杆稳定概念进行重新思考和重新研究的一个桥梁。

魁北克大桥是加拿大魁北克省横跨在圣劳伦斯河上的桥梁。圣劳伦斯河最窄处也有3.2km，水深达到了58m，常年流速达到14km/h，其温度和环境与中国的东北气候接近，每年还有一半的时间是处于冰冻的状态，所以在上面建桥难度非常大。它的设计师是西奥多库伯，大桥由三跨钢桁架梁组成，属于悬臂桥结构，主跨549m，建造历经30年，施工期间两次发生垮塌事故：第一次在1907年8月29日因压杆失稳，75人丧生；第二次是中跨合龙时起吊设备局部构件断裂，13人丧生。大桥最终于1917年竣工运营。它的主跨结构图如图1-14所示，两侧有两个锚跨，这个结构是当时非常流行的一个钢架桥结构。

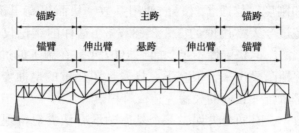

图1-14　魁北克大桥主跨结构图

　　魁北克桥招标从1898年9月6日到1899年3月1日，由库珀审查设计方案，并限定为悬臂梁和悬索桥方案。此前，法国工程师居斯塔夫·埃菲尔认为魁北克的桥址更适合悬臂结构桥梁，而不是悬索桥或拱桥。

　　悬臂结构基于悬臂梁原理，于1867年首次使用，其典型形式是主墩一个方向伸出悬臂跨，由另一方向的锚臂跨平衡。跨中用简支悬跨连接形成整体结构，简支中跨和悬臂跨自重通过锚臂跨和抗拔墩来平衡。

　　魁北克大桥是当时最长的悬臂梁结构，悬臂达171.5m，两悬臂间支撑205.7m简支悬跨，梁体离河面45.7m，初始设计主跨487.7m，构型主要是纺锤的构型。因跨距需要桥墩是一个深水的桥墩，这势必使造价提高和工期加长。为解决此问题，1900年5月，对原有的方案进行了调整，库珀将主跨增加到548.6m，避免深水墩和冰凌撞击，缩短桥墩施工时间，使工期缩短了1年。虽然跨度改变表面上是基于工程技术考虑，但跨度增加远远超过了当时世界第一桥梁福斯桥的跨距，如果这个桥梁能够顺利完工，那么魁北克大桥将成为全世界当时最长悬臂梁桥。

　　魁北克桥于1900年10月2日正式开工。桥墩由大块花岗岩与混凝土填料组成，1903年完成引桥施工，但直到1905年7月22日才开始对桥梁上部结构进行施工。钢桁梁架设过程中，工人发现一些弦杆铆接时，钻孔排列并不在直线上，说明出现挠曲变化，而且受压杆件也出现了明显的弯曲变形，且其挠度不断增加。问题报告给库珀，但库珀年事已高，没有到现场进行监理，他是在远程进行监理，现场的一些情况库珀没有办法及时掌握，存在的问题没有及时修正。

挠度问题日益严重，现场决定暂停工作，施工公司总工程师曾表示，弦杆安全系数很高，决定重新开工，直至1907年8月29日，桥梁突然的垮塌。

其实在建设过程中出现的第一个问题是在1906年，建设人员发现，钢材的用量远远超出当时的预期，并对库珀进行了汇报，库珀对钢材的用量以及承载进行了分析，他根据以往的经验，局限于当时人们对于失稳的认识不足，仅仅考虑强度和刚度，修改了材料的使用系数，从而提高了桥梁容许应力，使容许应力值超过今天常用值的3.3%~8.7%。这样的结论仅仅考虑强度和刚度是没有问题的，但稳定性不足。而在1907年，在施工的过程中桥梁建设的失稳问题就逐渐凸显出来，很多下弦杆发生了严重的挠曲变形。当时事故的调查结论就是由于下弦杆的失稳，造成垮塌。

在这个事故中，有两个失误，一个是库珀没有认真对待现场发现的问题或者说没有非常严谨的继续校核，钢材超过用量，他得出错误的应对办法就是修改许用应力，使得桥梁继续施工，希望桥梁能够如期完工。另一个是由于下弦杆的失稳，导致第一次垮塌。

魁北克桥第一次垮塌后，政府提供资金进行新桥的设计和施工。新桥设计很保守，构件尺寸急剧增加，所有的钢构结构都进行了加强，钢材的用量也基本达到了原来的2.5倍左右，重新施工过程中也遇到了问题，施工中通过驳船来运输及提升悬臂中跨，提升作业时，有个角的支点突然断裂，其他支点无法承担全部荷载，产生了扭曲和变形，发生了第二次垮塌。

魁北克桥大桥的垮塌及当时一些类似的钢构结构桥梁的垮塌使得技术人员和学者，对于桥梁的构型以及建设技术提出了思考和重新认识，进行了前所未有的大规模压杆及连接试验和研究，推动了工程领域的重大进步，桥梁规范也得以发展。对于工程师来说，在建设过程中，如果能够及时发现建设过程中的任何一个隐患或者能够严谨的对待桥梁建设计算结果，就可以避免这个事故的发生。

2. 塔科马峡谷桥风毁事故中的力学问题

塔科马峡谷桥是美国华盛顿州塔科马峡谷上一座主跨度为853m的悬索桥。此桥于1940年建成，建成才4个月，就发生风毁事故（图1-15）。

早在1889年，人们就提出了在塔科马海峡上为北太平洋铁路建造栈桥的建议。然而由于资金问题，塔科马海峡大桥的建造计划直到1937年才步入正轨。联邦政府公共工程管理处（PWA）需要拨款1100万美元建造大桥。但是来自纽约的工程师莱昂·莫伊塞夫（Leon Moisseiff）采用了把悬索桥建得比以往更轻、细、长的设计方案，即用2.4m的普通钢梁代替原计划中7.6m的桁

图 1-15　塔科马峡谷桥风毁事故

架梁。将建造成本大幅降低至 640 万美元，还使得大桥更加纤细优雅。

　　原本大桥设计的抗风能力可达 120mi/h（1mi/h≈1.61km/h）。但是在大桥吊装合拢完成后，只要有 4mi/h 相对温和的小风吹来，大桥主跨就会有轻微的上下起伏。然而起伏的现象没有引起人们过多的担心。1940 年 7 月 1 日，塔科马海峡大桥如期建成通车。人们很快发现，大桥出现遇风摇晃的情况，而且大桥波动的幅度不同寻常。甚至出现当人在桥上驾车时，可以见到远处的汽车随着桥面起伏。工程师们也注意到了这个问题，一些专业人员被派到现场进行实地监测。其后几个月中，桥面的波动幅度不断增加。大桥管理部门尝试过用捆绑缆绳、安装液压缓冲器的方式去减低波动，减少其对行车的影响，但没有取得成功。

　　1940 年 11 月 7 日上午，碰到了 8 级风，技术人员在 7：30 测得风速为 38mi/h，两小时后达到 42mi/h，桥发生了剧烈的振动，一座雄伟的单跨桥，居然被不大的风吹得像波浪一样起伏，大桥出现的波浪形起伏竟达 1m 多，还带有摇晃，而且振幅越来越大，疯狂的扭动使得路面一侧翘起达 8.5m，直至桥面倾斜到 45°左右。最终承受着大桥重量的吊索接连断裂，失去了拉力的桥面钢梁折断而解体，而坠落到峡谷中。当时恰好一个好莱坞的电影队在以该桥为外景拍摄影片，记录了桥梁从开始振动到最后毁坏的全过程。

　　大桥坍塌后，美国组建了事故调查委员会。经过初步调查发现，大桥的设计存在不可忽视的缺陷，首先塔科马大桥主跨长 853.4m，桥宽却只有 11.9m，这在同时期的悬索桥上是十分罕见的。不仅桥面过于狭窄，只有 2.4m 高的钢梁也无法使桥身产生足够的刚度。其次在原计划中，风可以从桁架梁之间自由穿过。但换成普通的钢梁后，风则只能从桥上下两面通过。再加上大桥两边的墙裙采用了实心钢板，横截面构成 H 形结构，对风的阻挡效果将更加明显。

然而，对于塔科马大桥坍塌的准确理论原因，专家们并没有达成统一意见。一部分工程师认为塔科玛桥的振动类似于机翼的颤振。以卡门为代表的另一派专家则认为，塔科玛大桥的桥身是 H 形断面，和流线型的机翼不同。经过加州理工学院的风洞模型测试后，卡门猜测这场灾难源于一种现象——卡门涡街。这是一个在自然界广泛存在的现象。比如在水流中插一根木桩，在特定条件下木桩下游的两侧，会产生两道非对称排列的漩涡，这两排漩涡旋转方向相反，相互交错排列，这就是卡门涡街。

在这次事故中，桥两边的钢板就像是水流中的木桩而发生卡门涡街，这是有规律的周期性现象，有侧向力的作用，具有一定频率，塔科马大桥本身也有自己的频率，当两个频率接近时便会发生共振。

那个年代的人们对悬索桥的空气动力学特性知之甚少，因此这场灾难在当时来说基本上是无法预测的。

而正是塔科马海峡大桥的坍塌引发了全世界科学家对风振问题的研究，促成桥梁风工程等各种新学科的建立。

在为调查这一事故而收集历史资料时，人们惊异地发现，从 1818 年起到 19 世纪末，风引起的桥梁振动至少毁坏了 11 座悬索桥。

悬索桥的优点是跨度大，缺点是气动稳定性差，容易"风吹桥晃"，甚至造成破坏。抗风设计是这一类柔性桥梁建设的关键问题。为了提高稳定性，需要从流体力学方面进行精心设计。1963 年，美国斯坎伦(R. Scalan)教授提出了钝体断面的分离流自激颤振理论，成功地解释了造成塔科马桥风毁的致振机理，并由此奠定了桥梁颤振的理论基础。加拿大教授达文波特(Davenport)则利用随机振动理论，建立了一种桥梁抖振分析方法，该方法经斯坎伦于 1977 年修正后更加完备。可以说，斯坎伦和达文波特奠定了桥梁风振的理论基础。

利用空气动力学理论对桥梁进行抗风设计，大跨度柔性轿梁在风的作用下可能发生三种类型的振动，即颤振、涡振和抖振。颤振和涡振是自激振动，抖振则属于强迫振动。

恒风会造成结构物振动，这是因为存在一种机制，它可以借助风而产生一个交变的强迫力。这个机制与结构物本身的运动有关，所以称为自激，它所造成的振动称为自激振动。自激振动与强迫振动不同，强迫振动外界存在交变的外力，它与结构本身的运动无关。然而，自激振动中的交变力却是运动自身激发的，物体总是以其固有频率做自激振动。每一种自激振动都有具体的自激机制，桥梁颤振的自激机制大致如下：当风吹向钝体障碍物时，除了造成正面风压，还会在背面产生低压区。前后压差形成钝体断面所承受的风压合力。桥梁具有不规则断面，所以，这个合力会有一个横向的分量和迫使钝体扭转的扭矩，造成钝体的横向运动和扭转。桥梁断面的运动特别是扭转又将反过来影响这个合力的方向，一旦扭转所造成这个合力方向的改变和运动同步了，就会不断加强这个运动，使桥梁的振幅越来越大，这个同步频率就是桥梁的扭转固有频率，实际运动是扭转与弯曲的复合运动。

3. 圣水大桥塌陷事故

圣水大桥位于韩国首都首尔市的汉江上，全长 1160m，于 1979 年建成。1994 年 10 月 21 日早上，在车流量高峰时刻，圣水大桥位于第五与第六根桥柱间 48m 长的混凝土桥板整体塌落入水，6 辆汽车包括 1 辆载满学生及上班族的巴士和 1 辆载满警员的面包车跌进汉江，导致 33 人死亡、17 人受伤。

事故后进行调查，发现圣水大桥塌陷事故的原因主要有两个方面：第一，没有按图纸施工，在施工中偷工减料，利用疲劳性能很差的劣质钢材；第二，当时韩国缩短工期及首尔市政当局在交通管理上疏漏也是大桥倒塌的主要原因，大桥设计负载限制为 32t，建成后交通流量逐年增加，超常负荷，倒塌时负载为 43.2t。

圣水大桥坍塌事件使得桥梁建设者认识到了桥梁养护系统的必需性和重要性。在桥梁管理和操作计划方面需要提出一系列更严密的要求，并对现场桥梁结构进行健康监测，以采集全比例荷载能力试验的数据，评估其结构健康。同时还应该加强对工程监理的力度，制定依靠新型材料、先进结构体系技术来提高、改进桥梁寿命的规范标准。

桥梁倒塌事故说明脱离了理论联系实际的原则会造成的严重后果，从而论证了力学原理在桥梁施工及施工监理中的重要性。相对于工程结构的安全性设计和结构安全性鉴定、耐久性分析等研究工作，施工结构的安全性分析还需要加强。工程结构的时变可靠性分析是指导施工结构安全性分析的理论基础，理论研究现在主要考虑工程材料、结构强度的时变性特性。

对于桥梁工程中的力学问题涉及许多方面，就其理论知识来说，包括材料力学、理论力学、结构力学、土力学、桥梁静力学和桥梁动力学等，同时对桥梁抗震设计，风压、雪压设计也必须考虑在其中。力学研究的进步及相关学科的发展导致高强度钢材、钢筋混凝土乃至预应力混凝土等材料的出现，从而实现桥梁工程发展史上的飞跃。桥梁建设中新型材料的使用使得人们在力学和材料科学交叉渗透的过程中发展了许多高性能的复合材料。由于大跨度桥梁建设日益广泛地采用高强度材料和薄壁结构，使得此类问题的研究更具重要意义。预应力思想的出现促进了桥梁的发展，使桥梁恒载在不断地降低，跨度却在不断地增加，外形更加优美，更加与自然和谐。计算机技术的出现为人们解决在桥梁建设中若干复杂力学计算创造了条件，使得一些计算工作量大得惊人的模型分析，通过计算机获得解答，在力学计算与分析的基础上，人们能够利用计算机进一步方便地进行与桥梁有关的辅助设计（CAD），提高了工作效率。特别随着各类功能不一的桥梁结构分析程序的出现，极大地加快了桥梁的设计速度，提高了设计质量，缩短了桥梁建设的周期。进入21世纪以后，我国建设特大跨度桥梁进程加快，这要求在特大跨度桥梁的气动参数识别、非线性风振理论、风洞模拟实验和数值分析等方面进行更深入的基础性和应用性研究。

第四节　桥梁健康监测

桥梁是投资巨大、使用周期长的大型基础设施，因此其使用的安全性对桥梁本身及国民经济有着举足轻重的作用。在其运营过程中，由于荷载作用、疲劳效应和材料老化等不利因素的影响，桥梁结构将不可避免地产生老化现象，损伤积累，甚至导致突发事故，为此对桥梁等大型基础设施进行健康监测，可以随时掌握桥梁的健康状态，使大桥的养护维修工作更具有理论指导性。

桥梁健康监测系统的研究和开发始于20世纪80年代，随着世界范围内桥梁结构损伤、老化及病害事故的增多和工程技术的发展，人们试图建立一个对桥梁结构进行实时在线监测、合理评价运营状态的信息管理和安全决策支持系统，目的是通过对桥梁结构状态的监控与评估，为大桥在特殊气候、交通条件下或桥梁运营状况严重异常时触发预警信号，为桥梁维护、维修与管理决策提供依据和指导。要建立一个可靠、高效实时分析、快速反馈的安全监测系统是一个复杂的系统工程，涉及多个专业和学科，需要统筹考虑，精心研究。

桥梁的健康监测贯穿于桥梁运营寿命的全过程。桥梁健康监测的内容同时也与桥梁形式、桥梁的自身特点有关。桥梁健康监测内容对于桥梁可靠度评估有一定的现实指导意义。桥梁的健康监测的主要内容为：①挠度变形的监测；②应力(应变)监测；③动应变监测；④温度监测；⑤动态称重监测；⑥外观监测。

现代桥梁结构健康监测技术，已经不只是对传统的桥梁检测技术的简单改进，而且是运用现代传感与通信技术，实时监测桥梁运营阶段在各种环境条件下的结构响应与行为，获取反映结构状况和环境因素的各种信息，最终判定结构的健康状态与可靠性。如何解决大型桥梁的健康监测及安全使用问题，是世界各国学术界和工程界面临的共同课题。随着检测技术、计算机技术、电子技术和通信技术等相关学科研究的进一步深入，桥梁结构健康监测技术的研究也进入了一个崭新的发展期。

我国也在一些大型重要桥梁上建立了不同规模的桥梁结构健康监测系统，如中国香港的青马大桥、汲水门大桥和汀九大桥，以及内地的虎门大桥、徐浦大桥、江阴长江大桥、南京长江二桥、芜湖长江大桥等在施工阶段就开始进行传感设备的安设，以备将来运营期间的实时监测等。

监测数据的实时在线采集是桥梁健康监测系统的一个重要组成部分，对异常征兆反应敏感，监测系统必须能敏感、迅速地反映桥梁结构物运行中出现的异常信息，特别是位移、应力应变状态的异常，这是监测系统首要的工作目标，这就要求监测系统能准确、稳定、可靠、长期而又实时地采集数据。光纤传感测试技术与普通电测法测试技术相比较，具有测试精度高、动态响应快、抗电磁干扰能力强、便于信号的远距离传输等优点，特别适用于大型结构的施工质量监测和长期健康监测。将光纤传感器埋入桥梁构件中，可以检测到水泥的固化、收缩量、强度、弹性模量等。在使用过程中还可测量热应力、振动、风压负载，以及进行损伤评估和安全警报，所以光纤传感器在桥梁健康监测系统中的应用越来越广泛。

光纤传感器的工作原理是当光波在光纤中传播时，表征光波的特征参量，如振幅、相位、偏振态、波长及模式等，因外界因素，如温度、压力、位移、转动等的作用会直接或间接地发生变化，通过测量光波的特征参量就可以得到作用在光纤外面物理量的大小，从而可将光纤用作传感元件来探测各种物理量。

其中，光纤布拉格光栅传感过程是通过外界参量对 Blagg 中心波长的调制来实现的，它是通过改变单模掺锗光纤芯区的折射率，使其产生小的周期性调制而形成的。用宽带光源从光纤布拉格光栅一端入射，由于折射率的周期变化，使得纤芯中向前和向后的光波耦合，当满足布拉格条件波长的光功率耦合到向后的传输波中，在反射谱中形成峰值，在透射谱中形成中心波长的峰谷，布拉格条件为

$$\lambda = 2n_{\text{eff}}\Lambda \tag{1-2}$$

式中　　n_{eff}——FBG 芯区的有效折射率；

　　　　Λ——FBG 的栅距周期。

当光栅所受应变和其周围温度发生变化时，会导致其芯区的有效折射率 n_{eff} 和栅距周期 Λ 的变化，从而使布拉格波长 λ 发生偏移。通过检测 λ 的偏移量，即可获得相应的应变和周围的温度大小，这就使得 FBG 可以作为传感器。光纤布拉格光栅中心波长位移为

$$\Delta\lambda = 2\Delta n_{eff}\Lambda + 2n_{eff}\Delta\Lambda \tag{1-3}$$

由弹性力学的知识可得，对于锗硅光纤，λ 随温度和轴向应变的变化可表示为

$$\Delta\lambda = 0.78\lambda\varepsilon + 6.67\times10^{-6}\lambda\Delta T \tag{1-4}$$

式中　ε——轴向应变；

　　　ΔT——温度变化量。

光纤布拉格光栅传感器的反射波长与温度、应变都有良好的线性关系，由反射波长位移量 λ 即可方便地求出所测温度和应力的大小。采用光纤光栅作为测量应变的敏感元件最显而易见的优势就是：能实现全光测量，不受监测现场的电磁干扰，抗腐蚀、耐潮湿，适合在机测量；用波长绝对量编码，工作稳定可靠。

由于光纤传感可实现分布式监测，因而在混凝土结构中布设光纤网络，就可以监测结构各部位的应力和变形。对于大型混凝土桥梁结构而言，为了实现其施工过程监测和长期健康监测，必须在混凝土浇筑施工之前，将光纤应变传感器复合埋入混凝土的相应测点位置，以便进行从施工建设到通车运营整个历程中不同阶段桥梁结构状态参数和特征参量的跟踪测试。因此，如何正确地将传感器埋入测点位置并确保传感器和传输系统正常工作，是成功进行施工质量监测和长期健康监测的先决条件。

桥梁结构健康监测是运用了现代化传感技术与通信技术，具有多学科交叉性。实时监测桥梁在运营阶段各种环境条件下结构的响应和行为特征，获取反映结构状态和环境因数的各种信息，由此分析桥梁结构健康状态，并且评估结构的可靠性，为桥梁的管理和维修决策提供科学依据。

第二章 力学与建筑工程

力学是一门基础科学，是自然科学中最早精确化的学科。爱因斯坦和英费尔德在《物理学的进化》中指出，"在力学中假如知道一个运动物体现在的运动状态和作用在它上面的力，那么它的未来的路径是可预言的，而且它的过去也是可以揭示的。"

力学也是一门技术科学，为工程技术提供设计原理、计算方法和试验手段。随着科技的发展，力学为许多工程技术提供了强有力的理论基础。

建筑工程就是力学应用最早的工程领域之一，古今中外，建筑作为文化的一部分，蕴藏着丰富的力学知识，是伴随着人类社会的发展而发展起来的。所建造的工程设施(房屋建筑、地下建筑、隧道、路桥、矿井等)反映出各个历史时期社会政治、经济、文化、科学、技术发展的面貌，因而建筑工程也就成为社会历史发展的见证之一。

从古代人类开始建筑房屋起，人类就有意识地总结材料强度方面的知识，以寻求确定构件安全尺寸的法则，例如古埃及的金字塔，古罗马的庙宇和桥梁，中国的万里长城、故宫、赵州桥、安澜竹索桥等。在这些古代建筑的辉煌成就中，可以看出古人对于结构设计及结构材料承载能力的选取，在实践经验中积累了大量的经验，在这些建筑结构中包含着重要力学知识。

第一节 力学与建筑结构

建筑结构是指在建筑物中，由建筑材料做成用来承受各种荷载或作用，以起骨架作用的空间受力体系，是建筑物的基本部分，无论是古代建筑，还是现代建筑，建筑结构要具有足够的承载能力，抵御自身和来自外界的各种作用力。

1. 建筑结构的组成

建筑结构是由若干个单元按照一定的组成规则，通过正确的连接方法所组成的能够承受并传递荷载和其他间接作用的骨架，而这些单元就是建筑结构的基本构件。

建筑结构由水平构件、竖向构件和基础组成。水平构件包括梁板等，用以承受竖向荷载；竖向构件包括柱、墙等，其作用是支撑水平构件或承受水平荷载，基础的作用是将建筑物承受的荷载传递给地基，如图 2-1 所示为房屋结构基本构件组成。

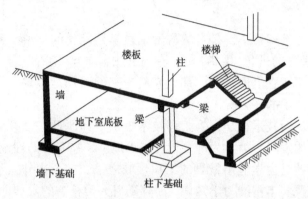

图 2-1 房屋结构基本构件组成

房屋结构基本构件包括：板、梁、墙、柱、基础等。

板：板承受施加在楼板板面上并与板面垂直的重力荷载（含楼板、地面层、顶棚层的永久荷载和楼面上人群、家具、设备等可变荷载）。板在力的作用下所产生的变形主要是受弯，如楼板、楼梯板、阳台板等。

梁：梁承受板传来的荷载以及梁的自重。梁的截面宽度和高度尺寸远小于其长度尺寸。梁所承受荷载的作用方向与梁轴线垂直，梁在力的作用下所产生的变形主要是受弯和受剪，如大梁、楼梯梁、悬臂梁等。

墙：墙支撑水平承重构件，承受水平荷载及墙的自重。墙长度、宽度尺寸远大于其厚度，但荷载主要作用方向与梁的轴线平行，当荷载作用在墙的截面形心轴线上时，墙表现为压缩；在荷载作用在偏心轴线时，墙还可能出现弯曲。

柱：柱承受梁、板传来的竖向荷载及自身的重量。柱的截面尺寸远小于其高度，荷载作用方向与柱轴线平行。当荷载作用于柱截面形心时为轴心受压；当荷载作用在偏离截面形心时为偏心受压。

基础：基础是埋在地面以下的建筑物底部的承重构件，承受墙、柱传来的荷载并将其扩散到地基上。

建筑结构要满足各种功能要求，如安全性、稳定性、耐久性。

安全性：建筑结构在正常施工和正常使用的条件下，能承受可能出现的各种作用；在设计规定的偶然事件(如强烈地震、爆炸车辆撞击等)发生时和发生后，仍能保持必需的整体稳定性，即结构仅产生局部裂隙而不致发生倒塌。

适用性：结构在正常使用时具有良好的工作性能。例如，不会出现影响正常使用的过大变形或振动；不会产生使用者感到不安的裂缝宽度等。

耐久性：结构在正常维护条件下具有足够的而久性能，即在正常维护条件下结构能够正常使用到规定的设计使用年限。

2. 建筑结构的极限状态

当建筑结构整体或者结构中某一部分在某一特定状态下不能满足以上的某一功能，那么这种状态就是该功能的极限状态，在力学分析中，建筑结构或者一部分必须是在极限状态之内工作的。

对于结构功能的极限状态可分为承载能力极限状态和正常使用极限状态。

承载能力极限状态对应于结构或结构构件达到了最大承载能力，或产生了不适于继续承载的过大变形。当结构或结构构件出现了某些状态时，即可认为超过了承载能力极限状态。例如，结构构件或连接因超过材料强度而破坏，或因为过度变形而不适于继续承载；整个结构或其中一部分作为钢体丧失稳定，如倾覆等；结构转变为机动体系；结构或构件丧失稳定，如压屈等；结构因局部破坏而发生连续倒塌；地基丧失承载力而破坏；结构或结构构件的疲劳破坏。

正常使用极限状态是对应于结构或结构构件达到正常使用或耐久性能的某项规定限值。当结构或构件出现某些状态时，即认为结构或构件超过了正常使用极限状态。例如，影响正常使用或外观的变形；影响正常使用或耐久性能的局部损坏，包括裂缝；影响正常使用的振动；影响正常使用的其他特定状态。

所以，无论在建筑结构设计、施工和使用过程中，应用力学知识对不同极限状态进行计算和验算这一过程是非常重要的。

3. 建筑结构中的三大力学

在建筑构建中，建筑结构作为受力体，是承担外部负重的主体结构，建筑结构所要解决的问题就是建筑结构的反作用力和建筑结构内部的响应如何与外力形成平衡状态。建筑结构中主要应用到的力学以三大力学为基础：理论力学、材料力学与结构力学。

（1）理论力学

理论力学是研究物体机械运动基本规律的学科，它是一般力学各分支学科的基础。理论力学通常分为三部分：静力学、运动学与动力学。静力学研究作用于物体上的力系的简化理论及力系平衡条件，主要包括物体的受力分析、力系的等效替换（或简化）、各种力系的平衡条件及其应用；运动学只从几何角度研究物体机械运动特性而不涉及物体的受力，主要包括点的运动学、刚体的简单运动、点的合成运动、刚体的平面运动；动力学则研究物体机械运动与受力的关系，主要包括质点动力学基本方程、动量定理、动量矩定理、动能定理、达朗贝尔原理、虚位移原理等。理论力学的研究方法是从一些由经验或实验归纳出的反映客观规律的基本公理或定律出发，经过数学演绎得出物体机械运动在一般情况下的规律及具体问题中的特征。理论力学中的物体主要指质点、刚体及刚体系，当物体的变形不能忽略时，则成为变形体力学（如材料力学、弹性力学等）的讨论对象，静力学与动力学是工程力学的主要部分。

理论力学是研究力学中最普遍、最基本的规律的科学。很多工程专业的课程，例如材料力学、机械原理、机械设计、结构力学、弹塑性力学、流体力学、飞行力学、振动理论、断裂力学以及许多专业课程等，都要以理论力学为基础。

对于建筑结构，首先要满足的就是理论力学中的静力学平衡，在外力的作用下，结构保持平衡的规律。

（2）材料力学

材料力学是研究材料是研究构件在外力作用下受力、变形和破坏的规律，在满足强度、刚度、稳定性的要求下，为设计既经济又安全的构件，提供必要的理论基础和计算方法。

材料研究对象主要是杆件，如杆、梁、轴等，分析杆件和杆系变形相关的力学基本概念、基本理论和基本方法，围绕其强度、刚度、稳定性问题，揭示平衡、几何、物理三类方程在其求解中的重要作用。主体内容为杆件的基本变形（拉、压、弯、扭、剪），组合变形，材料的机械性能，受力和变形下应力应变概念及其变换，材料本构关系，经典强度理论，杆件系统的强度、刚度和屈曲稳定性计算及校核，静定和静不定结构的求解等。

材料力学是一门密切联系工程实际的学科，它的一些基本概念、基本理论和基本方法可以用来解决工程中的实际问题，广泛应用于机械、材料、土木、交通、水利、能源、航空航天、船舶、采矿、生物医学等行业。

（3）结构力学

结构力学是固体力学的一个分支，它主要研究工程结构受力和传力的规律，以及如何进行结构优化的学科，它是土木工程专业和机械类专业学生必修的学科。结构力学研究的内容包括结构的组成规则，结构在各种效应(外力、温度效应、施工误差及支座变形等)作用下的响应，包括内力(轴力、剪力、弯矩、扭矩)的计算，位移(线位移、角位移)的计算，以及结构在动力荷载作用下的动力响应(自振周期、振型)的计算等。结构力学通常有三种分析的方法：能量法、力法、位移法，由位移法衍生出的矩阵位移法后来发展出有限元法，成为利用计算机进行结构计算的理论基础。

建筑工程非常重要的部分就是分析计算，这个过程离不开力学，例如：工业建筑、民用建筑、公共建筑、道路、桥梁、隧道等。首先就要基于力学提取相应的工程计算模型，属于杆系结构的工程力学要用结构力学的手段进行分析；涉及实体结构的工程对象分析除了三大力学还必须要用弹性力学、土力学和岩石力学的手段进行分析；建筑结构一旦荷载过大可能导致构件断裂，对于断裂问题的研究，要用到断裂力学；沿海地区考虑台风对高层建筑产生的振动，要用到振动力学、流体力学等；还有一些复杂难解的工程问题要用到数值计算方法，数值计算方法也是近几十年在工程问题的分析中力学发展最快的研究方向。

建筑物由许许多多的构件通过一定的方式组合而成，每个构件都具有一定的承载能力保证整体建筑的安全可靠性。从事建筑结构设计和工程师们，在对结构中每一个构件设计的过程中，都要对所选材料的材料力学性能、构件的形状尺寸布置方式一一地进行受力分析。

第二节　力学与建筑材料

建筑物材料的选取是否得当会对建筑有着本质的影响。不同材料在承载能力上有着巨大的差别，例如：强度(构件抵抗破坏的能力)、刚度(构件抵抗变形的能力)、稳定性(构件保持原有平衡状态的能力)及疲劳破损(在远低于材料强度极限甚至屈服极限的交变应力作用下，材料发生破坏的现象)等。

结构材料的使用主要受两个因素的影响：一是便于就地取材，利用自然材料；二是建筑材料生产技术的进步。

根据所选材料的不同，古今中外的建筑风格不同。中国古代建筑结构采用的是木结构体系(木材、竹材、藤索等)，而西方采用的是石材结构体系。

木构建筑是我国古代建筑辉煌成就之一，目前保留千年左右的木构建筑就有30多处，如建于公元857年的山西五台县佛光寺大殿和建于公元1056年的山西应县高达 66m 的佛宫寺木塔，保存完整使用数百年的木构建筑更是比比皆是，如北京故宫、天坛等。古时的工匠用精湛的技艺进行完美的设计、施工，合理的使用、维护。充分发挥了就地取材利用天然材料的优势，同时将木材的良好力学性能在建筑结构中应用。

1. 木材的力学性能

木材有很好的力学性质，但木材是有机各向异性材料，顺纹方向与横纹方向的力学性质有很大差别。木材的顺纹抗拉和抗压强度均较高，但横纹抗拉和抗压强度较低。木材强度还因树种而异，并受木材缺陷、荷载作用时间、含水率及温度等因素的影响，其中以木材缺陷及荷载作用时间两者的影响最大。因木节尺寸和位置不同、受力性质（拉或压）不同，有节木材的强度比无节木材可降低 30%～60%。在荷载长期作用下木材的长期强度几乎只有瞬时强度的一半。

（1）木材的强度

强度是材料抵抗破坏的能力，木材的自重轻，因此木构建筑重量轻，但木材的强度系数较高，与其他现代建筑材料强度系数相比较如表 2-1 所示。

表 2-1　建筑材料强度系数

材料	型号	材料强度/材料相对密度=强度系数
砖砌体	50#砂浆砌 100#砖	1.5/1.9＝0.8
钢筋混凝土	C30	15/2.5＝6.0
木材	红松	13/0.6＝21.7
钢材	Q235	215/7.85＝27.4

从表 2-1 中数据比较结果可以看出，木材的强度系数远大于砖砌体和钢筋混凝土，木材与钢材的强度系数比较接近。从材料自身的重量分析，我们可以看出木构建筑物强度好，自重轻，节省地基、基础的建造；当地震发生时，地震力是与建筑物的重量相关的，所以木构建筑自重轻也有效降低了地震的灾害。

（2）木材的刚度

刚度是材料抵抗变形的能力。材料刚度的大小与它的弹性模量 E 有关，拉压胡克定律给出 $\sigma = E\varepsilon$，σ 表示应力为内力分布集度；ε 表示应变为材料的变形程度的度量；弹性模量是材料本身的性能，单位 $Pa = N/m^2$。不同建筑材料产生单位变形，在每平方毫米面积上施加的力如表 2-2 所示。

表 2-2　单位变形下不同材料每平方毫米受力　　　　　　　　　　　N

材料	砖砌体	钢筋混凝土	木材	钢材
产生单位变形的力	2.4×10^3	3×10^4	1×10^4	2×10^5

从表 2-2 中数据对比可以看出，木材的刚度低于钢筋混凝土和钢材，但木材具有很好的可加工特点，结合合理的连接方式，充分发挥不同几何形状和工艺技巧，可以发挥出很好的材料力学性能，可比其他材料建筑的结构更为小巧精美。

根据木材的力学优点，合理选择构造形式，使木料的力学性能在木构建筑中得到充分发挥和体现，这样的建筑结构具有很好的抗风和抗震性能。

2. 石材的力学性能

在西方建筑史上，石材撑起了一部恢宏壮阔的人类文明发展史，宗教价值观影响下的西方石构主流建筑是教堂建筑，罗马柱式、拱券结构的出现实现了在空间构成上要求高耸挺拔、高不可攀的宗教氛围，高达空旷的神秘仪式空间感让人在感情上更加体会宗教氛围。

在古代建筑中西方人为什么喜欢用石头修造建筑呢？

首先，欧洲神权大于君权，宗教建筑是给"神"用的，必须永垂不朽，故使用石头。这类建筑往往穷百年之功才能建好。

其次，从取材方面，西方国家大多以山地地形为主，石头资源多，故石材成为西方建筑的主要原材料。

再有，从石材的力学性能方面分析，其材质本身质地坚硬，性能稳定、强度高，工程应用中几乎没有因为石材强度不足而造成建筑物的破坏，且石材可打磨，构筑符合其材质特性的拱券结构。基于石材防火性、耐用性的特点，石材在建筑匠人手中成就西方石头史诗，例如，希腊雅典卫城的帕特农神庙，建于公元前 447 年，有着"神庙中的神庙"之称；位于梵蒂冈的圣彼得大教堂，一座天主教宗教圣殿，建于 1506—1626 年，作为最杰出的文艺复兴建筑和世界上最大的教堂，其占地 $23000m^2$，可容纳超过 6 万人，教堂中央是直径 42m 的穹窿，顶高约 138m，可见石材对于西方建筑文化的地位与思想意义。

石材的物理力学特性与木材相反，适于垒砌。用砖石垒砌稳定结构主要有两种方法。其中之一是确保每块砖石大小相近，将接触面磨平，以此增大砖块之间的接触面积，防止受力点不均导致砖石破裂。例如，古埃及金字塔，古埃及人依据经验性法则建造的金字塔一直留存至今，胡夫金字塔是世界上最大的金字塔，建于公元前 2690 年左右。在 1889 年巴黎建筑起埃菲尔铁塔以前，它一直是世界上最高的建筑物，这座金字塔除了以其规模的巨大而令人惊叹以外，还以其高超的建筑技巧闻名。塔身的石块之间，没有任何水泥之类的黏着物，而是一块石头叠在另一块石头上面。每块石头都打磨得很平，至今已历时数千年，就算今天，人们也很难用一把薄薄的利刃插入石块之间的缝隙。雅典卫城和古罗马的引水道都是此类垒砌范例，需要注意的是，这种垒砌方式需要厚重的墙体和精密的加工才能保障结构稳定。

另一种常见的方法是在砖石间添加富有黏性而又耐压的垫物，以此保障砖块间的接触面积，古巴比伦与古罗马早已发明了石灰砂浆。在这方面，中国古代工匠对此缺乏认识，垒砌时利用胶泥的黏性，使用草灰、黄泥，最多加上糯米浆。干结后的黄泥浆往往被砖石自重压碎，如此砌筑的砖石无异于松散的砖堆，完全靠厚度和建筑形状来维持稳定，这自然远不如相对轻便坚固的木质结构所具有的强度和稳定性。

早期人们用土石和木材作为建筑材料，后来出现了人工建筑材料砖和瓦，与天然建材相比，砖和瓦具有更好的力学性能，可以就地取材进行加工制作，投入使用，使建筑的规模和高度得以发展。到了 19 世纪中叶，随着冶金技术的发展建筑钢材的抗拉压强度、质量分布的均匀程度、塑性变形能力等都有很大的提高，钢结构在建筑结构中得到广泛应用，在原有梁、拱结构外，桁架结构、框架结构、网架结构、悬索结构得到推广。

为了适应结构工程发展的需要，在牛顿力学的基础上，材料力学、结构力学、工程结构设计理论等应运而生，建筑工程从经验上升为科学，促进了工程实践与基础理论的形成，从而使建筑结构得到迅速的发展。

进入 20 世纪，随着现代建筑工程的发展，水泥、新无机胶凝材料、复合材料钢筋混凝土问世以及预应力混凝土的出现，促进建筑业的腾飞，同时也进一步促进了建筑大发展，计算建筑力学、弹性力学、塑性力学等力学的分支，得到了迅猛发展。混凝土的出现给建筑物带来了新的经济和美观的建筑工程结构形式，使建筑工程产生了新的施工技术和结构设计理论。

20 世纪 50 年代，钢材的良好力学性能在建筑工程中充分发挥优势，现代化建筑中的钢结构得以开发利用，钢结构的建筑物具有良好的延展性、抗震性能、塑性和韧性。随着人类文化生活不断提高，对高层、大跨度建筑的要求也越来越高，而钢结构本身具备自重轻，强度高，施工快等独特优点，因此对高层、大跨度，尤其是超高层，超大跨度的建筑物采用钢结构形式是非常理想的。目前，世界上最高、最大的结构都是采用钢结构设计实施的，例如，历届奥运会的场馆、会议展览中心、博物馆、候机大厅、飞机库等。

中国国家大剧院壳体结构由一根根弧形钢梁组成，中国第一大穹顶由 6750t 钢梁架起，这个巨大的钢铁天穹几乎可以将北京工人体育场全部罩住。如此巨大的钢架结构中间却没有用一根柱子支撑，也就是说，重达 6750t 的钢结构要完全依靠自身的力学结构体系来保证安全稳定。在大剧院的钢结构设计中，整个钢结构的用钢量每平方米仅 197kg，低于许多同类的钢结构建筑。这种柔性的设计使得国家大剧院就像一个太极高手，用以柔克刚、四两拨千斤的手段化解了来自外界的各种力量。

　　建筑材料的力学性能制约着建筑物的结构和规模，从夯土为台、掘土为穴、以木做梁、以木为柱，到砖石结构建筑物、钢筋混凝土结构和钢结构；从跨径几米、几十米发展到百米、百米，直到现代跨越大江、海峡的千米大桥，地上高耸的铁塔，地标建筑的摩天大楼，地下的隧道与铁路，超大跨度、超高层、超强功能的建筑结构层出不穷。建筑材料的发展，使新开发使用的建材较之原先使用的建材具有良好的力学性能，例如抗拉压性能、抗剪性能、抗弯性能、材料的强度、刚度、和稳定性等，科学技术的进步推进了建筑工程的腾飞，创造出无数的建筑奇迹。

第三节　建筑构件的"梁"与"力"

　　梁是建筑结构中最为重要的部件之一。

　　材料力学中给中梁的定义为，以弯曲变形为主的构件为梁，在力的作用下梁的轴线由直线变成曲线。工程中常见静定梁的三种基本形式包括：有简支梁、悬臂梁和外伸梁，梁的力学模型简图，通常用梁的轴线来代表实体，支座间的距离称为计算跨度，如图2-2所示。

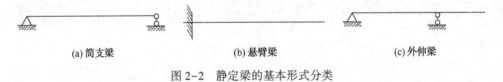

(a) 简支梁　　　　　　　(b) 悬臂梁　　　　　　　(c) 外伸梁

图 2-2　静定梁的基本形式分类

　　起重吊车的横梁如图 2-3(a)所示，可以简化成如图 2-3(b)所示的简支梁，用轴线 AB 代表横梁。

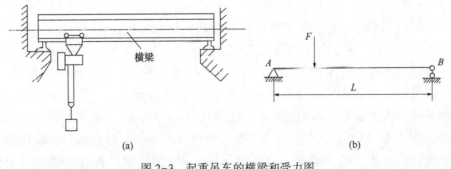

(a)　　　　　　　　　　　　　　　(b)

图 2-3　起重吊车的横梁和受力图

1. 木梁

在结构中，梁承托着建筑物上部构架中的构件及屋面的全部重量，如图2-4所示，中国木构建筑的最基本形式是梁架设在柱子之上，在梁上再安置檩木与椽木，构成基本木构框架，梁是建筑上部构架中最为重要的部分。在框架结构中，梁把各个方向的柱连接成整体，两端支承在柱上的梁称之为主梁，两端支撑在主梁上的梁称之为次梁；在墙结构中，洞口上方的连梁，将两个墙肢连接起来，使之共同工作。作为抗震设计的重要构件，起着第一道防线的作用。在框架-剪力墙结构中，梁既有框架结构中的作用，同时也有剪力墙结构中的作用。

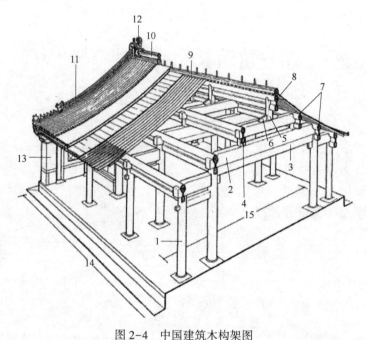

图 2-4　中国建筑木构架图

1—柱子；2—梁；3—枋；4—柁墩；5—瓜柱；6—角背；7—檩；8—脊檩；
9—椽；10—正脊；11—垂脊；12—正吻；13—山墙；14—面阔；15—进深

在以砖石和木材为主要建筑材料的时代，柱的承载能力比较高，"立柱可以支千钧"，所以很少有压垮柱的事故。而梁就不同了，大部分的事故出在梁上。所以以前民间建筑房屋时，将"上梁"看作大事，一定要挑选吉利日子，举行严肃的仪式和庆典，以表示对上梁这道工序的重视。在生活中，有能力承担重任的人，被世人称为"大梁""顶梁柱""四梁八柱"，对国家做了巨大贡献者，称之为"国之栋梁"等。"栋"是指脊檩，正梁，栋梁之材，比喻能担当国家重任的人才，这个成语出自南朝·宋·刘义庆《世说新语·赏誉》："庾子嵩目和峤，森森如千丈松，虽磊砢有节目，施之大厦，有栋梁之用。"这些借物喻人的称谓，把能担重任者用梁来比喻。可见从古至今人们对于梁的重要性有着深刻的认识，所以梁也是力学最早研究的对象之一。

正因为梁的普遍性和重要性，无论是建造住宅、桥梁还是汽车、飞机，能否选好优质的梁都至关重要。不仅中国人，西方人也一直为梁的问题发愁，直到一百多年前，人们还是主要靠祖传经验来摸索着造梁，风险大、限制多。能不能造出现代梁，是人类社会跃入工业革命的一大标志。梁的精确研究和梁的精确概念的形成，是整个材料力学、结构力学和弹性力学最早的事件，也是人类技术科学进步的大事。

15世纪意大利画家列奥·纳多达·芬奇已清楚知道梁在外力作用下弯曲时，以梁上下两面的中间部分为轴来进行旋转的变形分析，但是由于当时没有发现虎克定律并没有形成梁的理论。

1638年伽利略在他的著作《关于两门新科学的对话》中，系统地介绍了他对梁强度问题的研究。其中一个关键问题就是悬臂梁的强度问题，这个问题一直影响着后来近200年的研究。伽利略并没有正确地解决他提出来的问题，在讨论悬臂梁的强度时，书中隐含了两个错误，一是将根部 AB 截面上的拉应力看作是均布的，二是把梁的中性层取在梁的下侧(图2-5)。

图2-5　伽利略提出的悬臂梁问题

建筑结构中梁在外力的作用下主要发生弯曲变形，怎样能设计出负重抗弯的梁，在中西方一直是一个难题。这个难题可以简化为一个简单的实验，如图2-6所示：假如要在一个沟渠上铺设长木板充当临时桥，图中两种布置方式哪一个会更安全？

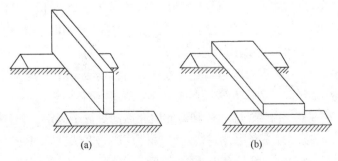

(a)　　　　　　　　(b)

图2-6　梁的不同布置方式

稍有阅历的人都能想到，应该把长木板横截面竖起来，让横截面的长边竖起，短边着地。用中国古话说"立柱可以支千钧"，同样是杆状物，平行于载重方向的立柱，比垂直于载重方向的横梁能承载更多重量。在过去，意识到这个横与竖的差别不难，但要为这种现象给出正确的力学解释和在现实解决实际问题的理论，则相当困难。

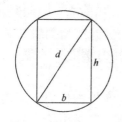

图 2-7　直径为 d 的圆木

到了现代，可以由材料力学中梁的强度计算分析解释，由弯曲正应力强度条件可知，$M_{\max} \leqslant [\sigma]\,W$，梁能承受的弯矩 $M_{\max}$ 与抗弯截面系数 W 成正比，W 越大越有利。图 2-7 为矩形截面梁，设截面高度 h 大于宽度 b，如果把截面竖放，则 $W_1 = \dfrac{bh^2}{6}$；如果把截面平放，则 $W_2 = \dfrac{hb^2}{6}$，两者之比等于 h/b 大于 1，所以竖放比平放有较高的抗弯强度，更为合理。因此，房屋和桥梁等建筑物中矩形截面梁，一般都是竖立的。但 h/b 也不能过大，否则可能因梁的侧向扭转而丧失稳定性即失稳。

工程中，梁的截面高度取决于梁的跨度，一般截面高度是跨度的 1/10~1/12，梁截面宽度是其截面高度的 1/2~1/3。梁根据不同的分类要求，例如材料、位置、受力、截面形状、施工工艺等有不同的分类方法，梁的种类繁多且复杂，虽然梁的形式多种多样，但是其变形规律和受力特点是一致的。

在梁的取材方面，古人面对横梁比立柱更脆弱、更易垮塌这个问题，主要办法是寻找更坚韧的木材作为梁材料。与土、石相比，木材的抗压、抗拉性能较好；而且找到 5m 长的整块木材，要比找到 5m 长的整块石材容易得多。因此，无论是汉字中的"梁"，还是英文的 Beam、Girder 等，起初都是"横木"的含义。不过，木材易朽、易裂等天然限制，限制了前现代建筑的规模大小和用途范围。特别是大型建筑，需要去遥远深山采伐稀有巨木用作梁、柱。像故宫宫殿这样的大屋，往往需要去四川、贵州伐运巨大楠木、杉木才能完成。一株"长七丈，周长一丈二尺"的大木需运夫 500 人以上，运送八九个月的时间。由于采木之地山高水险，伐木、运木的工人"入山一千，出山五百"，死亡率极高，就连采木官员也"闻风私逃，携妻挈子，抛弃室家"。

早在 1000 多年前，我国北宋著名建筑学家李诚于宋崇宁二年(公元 1103 年)著成的《营造法式》一书中就对"材"和梁的尺寸选用进行了规定。《营造法式》在对房屋建筑设计记载中有一套比较完整的"以材为祖"的方法，这对研究我国古代建筑的设计技术和力学成就都具有重要的意义。

对"材"和梁规定采用的3:2矩形截面，矩形截面枋料是从圆木中锯出来的，即要考虑经济的要求不浪费，又要满足安全的要求，这是对抗弯强度求极值的问题。

如图2-7所示，直径为d的圆木，根据材料力学抗弯截面模量验证《营造法式》中对梁采用3:2矩形截面关系。

$$d^2 = b^2 + h^2 \tag{2-1}$$

$$W = \frac{bh^2}{6} = \frac{b(d^2 - b^2)}{6} \tag{2-2}$$

求解W的极值，令：

$$\frac{\mathrm{d}W}{\mathrm{d}b} = \frac{d^2 - 3b^2}{6} = 0 \Rightarrow b = \frac{1}{\sqrt{3}}d \tag{2-3}$$

所以

$$h = \sqrt{d^2 - b^2} = \frac{\sqrt{2}}{\sqrt{3}}d \tag{2-4}$$

$$\frac{h}{b} = \frac{\frac{\sqrt{2}d}{\sqrt{3}}}{\frac{d}{\sqrt{3}}} = \sqrt{2} \tag{2-5}$$

$$W_{\max} = \frac{1}{6}bh^2 = \frac{2\sqrt{3}}{9}d^3 \approx 0.06415d^3 \tag{2-6}$$

通过材料力学的理论计算，当抗弯强度极值时，截面宽度b为圆木直径的$\frac{1}{\sqrt{3}}$倍，高度h为圆木直径$\sqrt{\frac{2}{3}}$倍，所截出的矩形截面的高宽比为$\sqrt{2}:1$。相同圆木直径情况下，取两种不同的高宽比$b:h$(3:2，2:1)分别计算的抗弯截面模量，如表2-3所示。

表2-3 相同直径圆截取不同高宽比矩形截面的抗弯截面模量

$h:b$	b	h	W	$W/W_{\max}$
2:1	$d/\sqrt{5}$	$2d/\sqrt{5}$	$0.05982d^3$	99.77%
3:2	$2\sqrt{13}d/13$	$3\sqrt{13}d/13$	$0.064d^3$	92.94%

由表中计算结果可以看出，《营造法式》对截面高宽比3:2的规定，其抗弯截模量与理论计算得出的最大相值比，仅仅降低了0.23%，在实用上可以认为是从圆木中锯出最强的抗弯矩形截面，这在工程中是非常理想的，不但满足安全与经济的要求，对于工匠来说，这个比例又便于记忆。

在《营造法式》记载中，有"材有八等"、等应力构件的设计原则，以及各种构件的截面份数制定等，按规定份数设计的椽檩和大梁等构件，都具有比较接近的安全度，基本上达到了设计等安全度建筑结构的目的。

这些都是需要通过必要的计算才能求得的。北宋的工匠们通过实践，已经对力学在建筑结构中的设计与计算有了初步的掌握。

北宋的《营造法式》在梁的抗弯强度计算方面的成就和欧洲相比，在时间上大约要早 6 个世纪。欧洲是一直到 17 世纪上叶，意大利的伽利略通过悬臂梁试验，才得出了矩形截面梁的截面模量为 $bh^2/2$，抗弯强度与截面宽度成一次方、高度成二次方的比例关系，但是所计算得的结果在数值上比正确值大 3 倍，对于弯曲应力的分布规律和中性轴位置等相应的理论，在伽利略之后大约经过两个世纪才逐步解决。

2. 石梁

中文的"梁"字，最早就是从桥梁和屋梁得来，此字始见于西周晚期金文。《说文》中说"梁，水桥也。"这里是指"梁"的本义，指桥梁。

例如石板梁桥，它是古代最简单的石桥。为位于怀化市中方县锦溪乡老鸭洞村的古石板桥，桥长 15m 多，宽 1.2m 左右，横架在小溪之上两山之间，该桥造型简单，结构奇特。桥面由两块青石板衔接，中间仅用一块斧脑形的石闩。以石板为梁，梁受力弯曲，梁的上面受压，下面受拉。石材是脆性材料很容易断裂，受力简图如图 2-8 所示，因此石板桥承重能力较低。

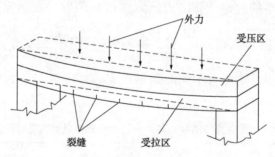

图 2-8　石板梁的受力简图

公元 606 年由隋代匠师李春督建的赵州桥用石拱桥代替石板梁桥，这在建桥史上具有非常重大的意义。由受力图 2-9 可以看出：由楔形石块组成石拱，负载作用在石拱的楔形石块上，再通过楔形石块两侧的斜面，压到相邻的楔形石块上。因此构成拱的石块只受压力，不受拉力，石拱就可以承受比石梁大得多的载荷。

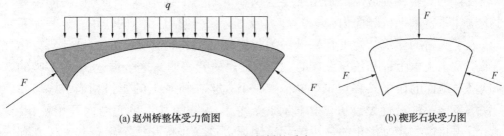

(a) 赵州桥整体受力简图　　　　　　　　　　　　　　(b) 楔形石块受力图

图 2-9　赵州桥的受力

应用力学原理分析，石拱对赵州桥的桥拱整体外形和内应力分布有重要影响。一方面，正是由于石拱的存在，使赵州桥圆弧形的拱轴线充分接近既经济又合理的恒载压力线；另一方面，也正是由于石拱的存在，既减轻了桥身自重，又消除了拱轴线截面上的拉应力，使赵州桥更加稳固耐用，既美观又实用的赵州桥深刻表现了拱桥结构卓越的力学性能。

赵州桥所采用的拱桥设计，欧洲在 19 世纪中期才出现，比我国晚了1200 多年。1991 年，赵州桥被美国土木工程师学会誉为"国际土木工程历史古迹"，是建筑史上的稀世杰作。

3. 钢梁

18 世纪末首先在英国爆发了工业革命，继英国之后，美、法、德等国也先后开始了工业革命，工业革命导致社会、思想和人类文明的巨大进步，对建筑产生了深远的影响。工业革命是社会生产从手工工场向大机器工业的过渡，是生产技术的根本变革，一方面是生产方式和建造工艺的发展，另一方面是不断涌现的新材料、新设备和新技术，为近代建筑的发展开辟了广阔的前途。正是应用了这些新的技术，突破了传统建筑高度与跨度的局限，建筑在平面与空间的设计上有了较大的自由度，同时还影响到建筑形式的变化。这其中尤其以钢铁、混凝土和玻璃在建筑上的广泛应用最为突出。

新材料的出现，打破了传统木材和石材在强度、延展性等方面的缺陷。1849 年，普罗维登斯钢铁研发出了工字钢梁，按工字结构设计的工字梁，比普通钢梁更轻便、节省材料，并拥有良好的抗弯性能，适合作为建筑框架材料。

1889 年建成的埃菲尔铁塔，就是现代钢铁梁结构的一次超大规模应用，其塔高达 324m 的建筑，由 12000 个金属部件连接，259 万只铆钉，共用钢铁7000 多吨。埃菲尔的计算极为精确，位于勒瓦卢瓦－佩雷的工厂生产了12000 件规格不一的部件，安装中没有一件需要修改，施工的 2 年时间内几乎没有发生一起事故。在设计铁塔的结构体系时，设计师埃菲尔借鉴了桥梁工程设计的经验，创造性地采用了复合拱和空间桁架结构体系作为铁塔的主要结构体系，来抵抗竖向力（重力）和侧向力荷载（包括风力）的作用。这一体系代表了当时的建筑结构工程领域最为先进高效的结构体系。他的设计研究结果引发了土木工程和建筑设计的一场革命。研究表明，这个重达 7000 多吨的铁塔对地面的压强只有 $4kgf/cm^2$，和一个人坐在椅子上的压强相当。埃菲尔铁塔遵循一种最优设计方法构造理论，它从系统的基本单元结构开始优化，之后再将这些经过优化的最小单元结构通过进一步优化逐级组合起来，直到满足设计要求。

埃菲尔铁塔是为庆祝法国革命胜利 100 周年，并为世界博览会而建造的金属建筑，它和东京铁塔、帝国大厦并称为"西方三大著名建筑"，成为当时席卷世界工业革命的象征，在它之后越来越多的民用建筑开始信任和采用现代梁技术。

随着工程技术的发展，不同截面形式的钢梁、钢筋混凝土梁等大量地使用在建筑结构中，如 H 形梁、箱梁等。工字梁和 H 形梁虽然擅长抵抗垂直于横梁的负载，但与箱梁相比抗扭转能力较弱。箱梁截面形如空心箱子，将质量尽可能分配到远离转轴的四周边框上，形成箱形结构，同等质量下增加极惯性矩，梁的抗扭刚度更强。所以，箱梁适合大型桥梁等高抗扭构件。

梁不只是屋梁和桥梁上的梁，日常见到的横向受载的柱状物体，如古时常用的扁担、轿杠、旗杆、桅杆、推磨的磨杠、起重的撬杠都是梁。现今建起的摩天楼、烟筒、电视塔、电线杆，在地震时，惯性力是横向作用的，它们所受的风载也是横向作用的，所以都可以看为梁。汽车、火车底盘上有梁，轮船的船身可以看作在浮力与重力作用下的复合梁，飞机的机翼是空气动力作用下的悬臂梁，而机身则是在机翼向上作用力与机身重力作用下的梁。竹、木、庄稼等植物的茎，在风作用下也是梁。动物的骨骼、脊柱在它们横向受力时，也是梁。

人类科学技术的发展是无穷尽的，根据工程应用的实际需要，梁在各种条件下要有良好的适用性和广泛性，所以梁的研究是整个材料力学、结构力学和弹性力学研究最早的事件，也是未来人类技术科学进步的大事。

第四节　建筑构件的"柱"与"力"

柱子作为结构的主要构件，贯穿整个历史时期，如中国木柱、埃及石柱、非洲图腾柱、欧洲古典柱式，现代的钢柱和钢筋混凝土柱。与梁相比，柱子与人的距离更近，更容易被触摸、观察，因此，自古以来建筑师在柱子满足承载能力的基础上，更在意柱子给人的感受，对柱式、造型做了许多尝试。中国古典木柱是"钱粮经费天道人伦"，西方石柱的古典柱式是"美是数的和谐"，现代柱子是"建筑是技术和艺术的综合"。古代埃及、希腊、罗马的神殿建造成梁柱的结构形式，受制于建筑材料(石材)的强度，梁的跨度很小，柱子又粗又密。例如帕特农神庙历经 2000 多年的沧桑，神庙主体损毁严重，但巍然屹立的柱廊仍彰显着雄伟。"柱子高度为底径的 4~6 倍，柱间距约为柱径的 1.2~1.5 倍……"粗大的柱列有着非常强烈的表现力，被视为威望、权力、富贵的象征。

位于英格兰有着 5000 多年历史的"巨石阵"，算得上最古老的"梁柱结构"。它是最著名的史前文化遗产之一。圆形石阵共有四层按同心圆排列的巨石柱，最大的石头有 7m 高，质量超过 44t。石柱顶上放着条形的楣石，像"简支梁"一样搁在石柱上。

中国在明末翻译外国的力学知识时，把力学翻译为"重学"，因为在动力学的概念还没有形成之前，古代人们最通常打交道的力就是重力。而承受重力的结构，也主要是两种：梁和柱。它们的形状都是柱或杆状，区别是梁的重力作用线垂直于柱的轴线，而柱的重力作用线平行于柱的轴线。在以砖石和木材为主要建筑材料的时代，柱的承载能力比较高，所以很少有压垮柱的事故。

中国的古代建筑中梁柱结构以木材为主，柱是作为结构中最重要的承重构件之一，直立于地面，承受上面重量的构件。屋顶结构荷载、屋面瓦的荷载、楼面的荷载以及风力及地震力，这些荷载通过立柱传至基础，所以柱间的墙体和门窗皆不承受重量，而只起到隔断和围护的作用，这就是大家在日常生活中所能见到的建筑结构。在建筑建成初期只有结构的框架，门窗是后期进行安装的，即使建筑物的墙体、门窗损坏或者变动，房屋整体结构不会倒塌，这就是为何中国古建筑能"墙倒屋不塌"现象。从古至今柱子有着"顶梁柱"之称，古人将支撑家庭负担的男子称为一家的"顶梁柱"，可见柱子的重要。

1. 柱子的强度

柱子结构框架要满足承载能力的要求，安全可靠，还要满足如强度、刚度、稳定性等力学方面的要求。柱子所取材料的力学性质直接决定着柱子的截面大小，长细比。以木柱进行分析，根据木材各向异性的物理性质，木柱轴向受力，木柱长细比的总体趋势是由粗壮向纤细发展，唐佛光寺大殿木柱长细比为1/9，清代木柱长细比为1/10～1/11，但对木柱强度的把握要在一个比较稳健的范围之内。中国古典建筑的宫殿、庙宇等大型建筑物中木柱的断面面积都比较大，有时甚至超出实际需要的几倍。有时柱子糟朽、劈裂虽然超过原有断面1/2左右，建筑物仍然安全屹立。

2. 柱子的稳定性

柱子在承受荷载作用时，其承载能力不但受到柱子材料和截面尺寸的影响，还受到柱长和两端约束情况的影响，如果柱长较大即长细比较大时，就要考虑进行受压构件稳定性分析。

下面我们通过实验来验证"立木顶千斤"这个谚语，直木在受力时可以看成轴心受压杆件，做如下轴压实验，如图2-10所示。

取一松木板条，其许用压应力 $[\sigma]=$ 40MPa，截面尺寸为 5mm×10mm。第一种情况，木板条长 30mm 时，木板大约能承受轴向

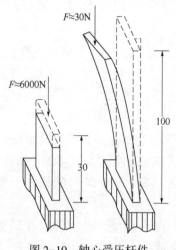

图 2-10　轴心受压杆件

力 6000N，这可以根据强度条件 $\sigma_{max}=\dfrac{F_N}{A}\leqslant$

$[\sigma]$ 计算求得 $F_{max}=[\sigma]A=6000N$；第二种情况，将木板条的长度增长为100mm 时，实验发现木板条失效时所施加的轴向力大约为30N。

这个实验告诉我们同一材料同一截面尺寸和形状，当长度相同时，其能承受的轴心压力值是不同的。在结构计算中，构件有一个重要特征，就是计算长度的影响。短木条失效的原因，是由强度不足而引起的；长木条长度越大，构件的计算长度也越大，其能承受的轴心压力值越小，所以长木条失效不属于强度失效，而是由于稳定性的不足引起失稳，这就是直木承受轴心压力的一个重要特征。因此，笼统地说"立柱可以支千钧"并不符合所有构件失效的实际情况。

3. 受压构件失稳案例

1907 年 8 月 29 日的下午，加拿大圣劳伦斯河上，正在施工魁北克大桥，突然一声巨响，南端锚跨处两根下弦杆突然被压弯，整个南端的结构都被牵动，仅坚持 15s，南端整个完工部分连带着中间的悬吊跨一同垮了下来，19000t 的钢材落入河中，随之坠入河中的还有在桥上工作的 86 人，最终仅有11 人获救。

魁北克桥是大跨结构，当时对其力学行为知之甚少，且魁北克桥梁公司

缺乏资金进行充分试验。工程师只要求对主要的受拉上弦杆进行大量试验，而没要求对压杆进行试验。从力学分析方面魁北克大桥坍塌是因为：①主桥墩锚臂附近的下弦杆设计不合理，发生失稳；②杆件采用的容许应力水平太高；③严重低估了自重，且未能及时修正错误。

4. 柱子的多样形式

随着工程材料的发展和设计技术的提高，柱子的设计出现材料和形式的多样化，立柱不再是粗重而密布的石柱、木柱。

工业革命以后，新型建筑材料钢材和混凝土出现。钢材的材料性质一是强度高，有利于减轻截面大小和自重；二是塑性韧性好，有利于承受动荷载；三是受力各向同性，有利于将拉力转换为压力；四是可焊性好，有利于加工和材料的构件化；但钢材怕火怕腐蚀，必须对其表面进行维护，如涂刷油漆。混凝土的材料性质为抗压强度高，抗拉强度低，可将混凝土和钢筋结合在一起，形成钢筋混凝土，利用混凝土承受压力，钢筋承受拉力。钢筋混凝土的耐久性、耐火性、整体性和可模性都很好。

钢材和钢筋混凝土具备卓越的力学性质，一是在高度和跨度方面有了重大的突破；二是本身形式获得了极大的自由；三是由平面结构向空间结构发展，即钢柱和钢筋混凝土柱作为结构构件，不仅在平面结构中的框架结构中出现，而且可以在空间结构，如在悬索结构、网架结构中出现。

如果说古代的梁柱结构，只是通过工匠的经验设计柱子的形式，则现代建筑师是根据力学原理准确设计钢柱和钢筋混凝土柱的截面和整体形式。例如结构大师奈尔维被赞誉为"混凝土诗人"，他的作品大胆而富有想象力，他认为"最能表现自身形式美的结构构件就是柱和梁"，意大利都灵工人文化宫（1959年）是他的代表作之一。巨大的柱子和放射状钢梁组成一把把撑开的伞。每把"雨伞"是一个独立的单元，撑起十分开阔的内部空间（柱距38mx38m），这决定了悬臂柱的受力方式。巨柱承载力的关键是强度问题，而不是稳定问题。因此，柱身设计更加自由，截面不局限于方形和圆形，可以塑造出各种特色截面。都灵工人文化宫柱子下部的断面为十字形，上部为渐变收小为圆形，给人以一种粗犷、挺拔的感觉。

结构承载能力的设计中"强柱弱梁，强剪弱弯"，这是一个从结构抗震设计角度提出的结构概念。柱子不先于梁破坏，因为梁破坏属于构件破坏，是局部性的，柱子破坏将危及整个结构的安全，可能会整体倒塌，后果严重！所以我们要保证柱子更"相对"安全，故要"强柱弱梁"，常规的框架柱截面大，除了压杆稳定的因素以外，另一个原因是柱子需要承受弯矩。弯矩一部分由水平力（风和地震）引起，另一部分由与梁柱刚接节点的平衡弯矩引起。

在框架设计过程中有一个步骤就是对梁的弯矩进行调幅，人为地把梁的弯矩设计值调小，这样就可以让梁先发生破坏，实现强柱弱梁，强剪弱弯，另一些构造是要求确保强节点弱的构件。

随着科技的发展，技术的提高，现代化结构柱不再都是单枝、笔直的，比如说树形柱。树形柱又称树状柱、分叉柱。树形柱将荷载传递由一点变为多点，提供了更多的传力路径，支撑承覆盖范围大。它通过树权分支减小屋盖结构的跨度，用较小的杆件即能支撑更大的空间。如上海浦东机场 T2 航站楼采用 Y 形斜柱支撑的张弦梁屋盖结构，创造出轻盈、活泼的超大空间。航站楼大厅采用两级分叉柱，室外挑檐采用 Y 形斜柱。

从古代的木柱、石柱到钢筋混凝土材料及钢结构形式的柱子，从建筑材料的可塑性和结构承载能力性质出发，柱子在结构中的形式造型多样，使得力学在建筑技术和艺术完美方面得到了完美结合。

第五节　建筑构件的"连接"与"力"

中国建筑具有悠久的历史和光辉的成就，陕西半坡遗址发掘出距今已有六七千年历史的方形或圆形浅穴式房屋；世界现存最高的木结构建筑 67.1m 的山西应县佛宫寺木塔；北京明、清两代的故宫是世界上现在规模最大、建筑最精美、保存最完整的大规模建筑群。这一系列现存的技术高超、艺术精湛、风格独特的建筑，在世界建筑史上自成系统，独树一帜，是我国灿烂文化的重要组成部分。

中国古建筑以木结构建筑为主的历史十分悠久，较早地形成了成熟的木结构加工技术（如榫卯）和力学体系研究（如斗拱、侧脚、生起），从力学的角度来说，建筑结构中拥有许多极为显著的力学特点，可谓是力与艺术巧妙结合的典范。

1. 榫卯

木结构古建筑最显著的特点之一就是梁柱之间采用榫卯连接，榫卯是在两个木构件上所采用的一种凹凸结合的连接方式，如图 2-11 所示。凸出部分叫榫（或榫头）；凹进部分叫卯（或榫眼、榫槽），榫部进入卯紧密地咬合，起到连接作用。榫卯结构是榫和卯的结合，是木件之间多与少、高与低、长与短之间的巧妙组合，可有效地限制木件向各个方向的扭动。最基本的榫卯结构由两个构件组成，其中一个的榫头插入另一个的卯眼中，使两个构件连接并固定。榫卯工艺是堪称媲美京剧的中国国粹，不仅外形精致唯美，而且遵循力学原理，实用性极强，不易锈蚀又方便拆卸。

榫卯结合具有很大的弹性，是抗震的关键。这种结构不同于现代的钢结构、钢筋混凝土结构和近代用铁钉、铁匝加固连接的木结构，和现代梁柱框架结构极

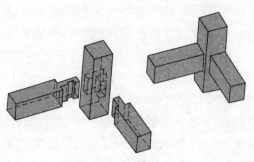

图 2-11　榫卯结构

为类似。梁柱的榫卯连接具有比刚接变形大而比铰接变形小的特点，是介于刚接和铰接之间的半刚性连接，也可称之为弹性连接。这种连接不仅有一定的承受拉压的能力，而且还具有相当的抗弯、抗扭能力，对结构的抗侧刚度、承载力、整体性和稳定性有着重要影响。再加上传统木构架都是采用均衡对称的柱网平面和梁架布置，使其形成一个具有一定柔性的整体框架结构体系，当遇有强烈地震来袭时，采用榫卯结合的空间结构虽会"松动"却不致"散架"，吸收地震产生的能量，达到墙倒屋不塌的功效，木构建筑的结构力学形式，减少了地震所带来的地质灾害，使整个房屋的震荡大为降低，起到了抗震的作用。

2. 斗拱

斗拱是榫卯结合的一种标准构件，宋《营造法式》中称为铺作，清工部《工程做法》中称斗科，通称为斗拱。斗拱是最能代表中国古代建筑艺术的构件，中国建筑学会的会徽上就是一个抽象的斗拱图案（图 2-12）。

图 2-12　中国建筑学会会徽

斗拱使用在中国古建筑结构中立柱和横梁衔接处，是建筑物的柱与屋顶之间过渡部分，起到力传递的中介和结构的平衡稳定作用。在柱子顶上加的一层层探出呈弓形的承重结构叫"拱"，拱与拱之间垫的方形木块叫"斗"，合称"斗拱"。斗拱的组合一点也不复杂，斗上置拱，拱上置斗，斗上又置拱……重复交叠，千篇一律，却千变万化。其功用在于承受上部支出的屋檐，把屋檐重量均匀地托住，将其重量或直接集中到柱上，或间接地先纳至额枋上再转到柱上。斗拱可以使屋檐向外伸展，让建筑更加飘逸灵动，同时更好

保护柱子和墙体等免受雨水侵蚀破坏。多层斗拱就像一个减震器，可增强建筑物的抗震性能，在同样的地震烈度下抗震能力要强得多。

山西朔州应县的应县木塔全名为佛宫寺释迦塔，与比萨斜塔、埃菲尔铁塔并称"世界三大奇塔"。建于公元 1056 年，塔高 67.31m，相当于今天30 层楼的高度，木塔全部用纯木建成，使用红松木料 3000m³、2600 多吨。在建成的近千年的岁月中，应县木塔曾遭受了多次极具破坏性的地震，仅强度五级以上的地震就高达十几次之多，1926 年，军阀混战，对塔炮击200 余发，塔身弹痕累累，不亚于地震，如今木塔历经千年风雨仍屹立不倒。塔身整体架构，没有一根铁钉，数以万计的构件，利用传统建筑技巧，广泛采用斗拱结构固定在一起，全塔共应用 54 种斗拱，被称为"中国古建筑斗拱博物馆"。

斗拱的受力传力特点包括：①增加挤压面的作用；②支撑挑檐檩；③联结柱网；④减少净跨，减小弯矩、剪力；⑤抗震作用；⑥装饰作用；⑦等级标志；⑧模数作用。

在武际可先生的博文《构件的连接——榫卯连接与斗拱》中，对于斗拱的受力分析，引用了马车挽具多层系杆的受力分析，杆系中每个系杆均为等臂，可以将车体所受阻力均衡地分配给各匹驾马；还引用了汽车上雨刷器工作时受力分析的例子，雨刷器的三层拱，第一层一个拱、第二层两个拱、第三层四个拱，每一层都是一根等臂杠杆，摇杆带动雨刷在汽车玻璃上来回摇动，把摇杆的压力均匀分配到刷板的各点施加在窗玻璃上。这两个例子均应用了等臂杠杆受力原理，将所受到的力进行分配。

通过这两个例子，不难理解斗拱的作用，和汽车雨刷上的"斗拱"是一样的，它也有一定的弹性。其作用是把柱头上的集中力，分为若干个等效的相互有一定距离的集中力，由材料力学我们知道，集中力对梁引起的弯矩，比起同样大小分布的若干力要大，例如，简支梁在跨中承受集中荷载 F 时[图 2-13(a)]，梁的最大弯矩为 $M_{max} = \dfrac{Fl}{4}$，若使集中荷载 F 通过辅梁再作用到梁上[图 2-13(b)]，则梁的最大弯矩就下降为 $M_{max} = \dfrac{Fl}{8}$，所以斗拱使得梁的受力更为合理，它减小了梁的局部应力。

另一方面，斗拱在一定程度上减少了立柱的数目。斗拱不仅把柱头的支撑力以一定比例分配到一根梁的各点，还要把这个支撑力以一定比例分配到纵横交错的多根梁或枋上。斗拱不仅能够把作用在一根梁上的支撑力分散，而且能够使一根立柱支撑若干根梁。从而大大减少了立柱的数目，这就不仅

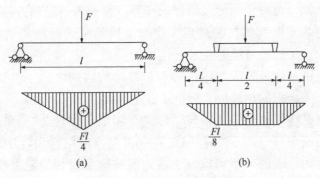

图 2-13　简支梁受力弯矩简图

能够使建筑的跨度增大，而且能够控制经过一根柱头上的各根梁支撑力的合理分配，使得整个结构的受力分配更加合理。它向外出挑，可把最外层的桁檩挑出一定距离，使建筑物出檐更加深远，造型更加优美、壮观。

上海世博会的中国国家馆，其外形取材于中国古建筑的一个经典构件——斗拱。这种榫卯穿插、层层出挑的构造方式，紧紧相扣，给人一种稳定感，仿佛可以承载万钧之重！成为中国国家馆建筑形态的文化表达，传统的建筑结构让"东方之冠"散发出浓浓的"中国味"。

对于现代木结构来说，采用金属连接件把一根立柱和两个方向的两根横梁连在一起，因为金属单位体积的力学性能比木材强太多，所以节点的尺寸可以大大减小，现代木结构节点中的螺栓也是以穿过木材为主，垂直于木材纤维的方向。

随着材料科学、冶金工艺和工业技术的提高，金属构件发展起来的连接方式主要有：焊接、铆接和螺栓连接等。

各种材质构件连接的方式，首先要考虑其力学上的合理性与强度上的可靠性，其次是使用方便和便于普及。在满足力学合理性的前提下，人们研究和改善各种办法使它易于推广应用。

第六节　建筑形态中的"力"

人们在早期的生产实践中，创造了众多合理的结构形式，如帐篷、木塔、拱桥以及悬索等结构，它们都是结构形式与力学原理的结合，这些结构形式在建筑工程领域发挥着不可替代的作用。在早期，数学与力学等基础科学的发展还不够成熟，合理结构形态的确定往往以设计者的经验为前提。

随着社会的发展和科技的进步，建筑结构除了满足功能适用要求之外，还需满足新颖、美观、自然等要求，结构的受力性能还应符合内力分布合理、传力简捷，经济高效等要求。建筑形态与结构的协同变化，以及力学学科的进一步完善，为合理的结构形式提供了理论基础。

自由曲面是空间结构的一种典型形式，体现了建筑美的多样性，在建造过程中实现曲面多样性与受力合理性的有机结合是结构设计中的首要问题，以逆吊实验法为代表的模型实验方法在曲面结构发展的初期发挥着重要的作用，这种方法具有概念清晰、形象直观的特点，是探索结构形态发展的重要手段之一。

逆吊实验法是利用柔性结构在特定荷载作用下只受拉力的特点，确定结构形态，再通过结构形态进行固化翻转，获得在重力作用下的受压结构，由此模拟原型结构的某种力学规律，通过对模型实验的观测构造曲面造型。逆吊实验法的本质就是基于力学平衡原理的曲面找形法，实现零弯矩结构的验证和设计。

20世纪初西班牙建筑师 A. Gaudi 利用逆吊实验法设计了叹为观止的圣家族大教堂，实验模型与荷载均按照结构的实际情况缩尺得到；瑞士工程师 Heinz Isler 通过"逆吊法"，设计了"Deitingen 加油站"等多种空间曲面结构。

位于上海浦东的喜马拉雅中心，采用了 ESO 法进行设计。中央部分为不规则的"异型林"，犹如从地下自然生长出的"林"，支撑起整个喜马拉雅中心，将艺术的渲染力源源不断地扩散到整个建筑。"异型林"的设计不仅要达到建筑设计的美观，更要科学而严谨地考虑结构的力学设计。

这种独特的有机造型设计运用了"进化论结构的最优化手法（ESO 方法）"，所谓结构优化设计，通常是指满足强度要求等条件约束下，使结构的总质量最轻，或造价最低，或工序最简单。实际就是在给定的载荷和边界条件下，在预定的结构可行涉及区域上，寻找材料的最低分配。

结构的优化设计主要包括：尺寸优化、形状优化、拓扑优化、结构类型优化等。尺寸优化，是在给定结构类型、材料、拓扑以及几何形状的前提下，优选组成各部件的界面尺寸，以使结构达到优化。假设材料的压应力极限远大于材料的拉应力极限，如图 2-14(a) 所示结构，那么所设计的受拉杆尺寸要大于受压杆的尺寸。形状优化是通过改变结构的内外边界形状以改善结构特性，如降低应力、提高疲劳强度以延长结构寿命等。如图 2-14(b) 所示，椭圆孔与圆形孔相比，可以大大降低应力集中，改善机构的应力情况。拓扑优化是根据设计准则，在满足强度、刚度、位移、频率等约束条件下，在结构上开孔、打洞。取出不必要的构件和材料(即结构件布局和节点连接发生变化)，使结构在规定的意义上达到最优。

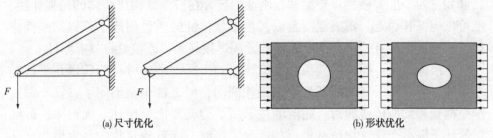

(a)尺寸优化   (b)形状优化

图 2-14   结构优化

从结构传力效率来看，所有结构构件中只有轴力，没有弯矩时，与拉伸及压缩的轴向力相比，弯曲内力的传导效率极低，即在所有结构要素中均匀分布没有弯曲产生的应力结构，其力的传导效率是最高的，在这种情况下可实现最小限度的材料来组成结构体。喜马拉雅的有机造型便是根据所给力学条件及设计条件自动形成的造型，并在进行某种程度的调整后所得到的形态。

优秀的建筑是建筑形态与结构的统一，是形与力的完美结合，实现力学在结构中合理的应用，高效节约材料在结构中的用量。如果在确定建筑方案时，统筹考虑结构力学逻辑与建筑形态，不仅能够最大程度发挥材料的效率，降低建筑造价，也会使得建筑更加轻盈、合理，呈现出合理的建筑美学。

第七节   超高层建筑与"力"

对于现代建筑，首先是建筑结构的合理性，要根据实际情况，采用既经济又安全的方式完成工程任务。在安全方面，从整体的静力学分析到外部环境而产生的动力学分析，如风载荷、地震波，特殊场地的特殊设计要求等，这些都是设计与施工技术方面要关注的。

随着社会的进步，现代科技的不断发展，建造水平的提高，人们对建筑工程结构的设计及结构的承载能力(强度、刚度、稳定性)、抵抗风荷载，抗震等各个方面技术的认知和经验积累日趋完善，一座座摩天大楼拔地而起，他们无疑的都成为该地区的标志性建筑。在这一过程中，力学应用在建筑工程发展过程中的作用更为突显，如果没有可靠精准的力学分析与结构计算就没有这些安全而实用的建筑。

高层建筑是建筑工程中的一大成就，维持稳定的关键是要克服侧向的风力和地震力，这些作用力甚至会随着建筑物高度的增加而急剧增强，一般的高度如三四十层大楼，只要梁和柱刚性的接合在节点处构成整体的构架作用，就可以确保其稳定。钢筋混凝土以其极度整体性的质量创造了这样的刚性连接，钢材是在接合处用高强度螺栓拧紧或焊接起来，连接处也具有刚性。

高层建筑每一层楼的楼板和支撑楼板的梁所需结构材料的质量几乎都是相同的，所以每一层的荷载几乎也是相同的，但是柱子就不同了，柱子需要承受楼板和梁所传递的力，底层的柱子所受力就要比顶层柱子大得多，最底层的柱子则承受建筑物所有楼层的质量。同时，随着建筑物的高度增加，柱子所受到侧向的风力也在增大。用钢筋混凝土这些现代化材料设计的高层结构所具有的高强度在抵抗这些作用力上都不成问题，但是还要限制在力作用下产生弹性范围内的摆动，以免对建筑内部人们所主生的不适。为了确保安全舒适，大楼必须是刚性的，而一开始建造高层建筑时，确保水平向刚度的做法就是把柱子间隔缩小，梁加大。

上海中心大厦是我国第一高楼，而且在世界上也是仅次于迪拜塔的第二高楼。

上海中心大厦地上 124 层，结构屋面高度 580m，建筑塔顶高度 632m，地下 5 层。塔楼采用巨型框架-核心筒-外伸臂结构体系，结构高宽比为 7.0。大厦位于台风影响区和 7 度抗震设防地区，由于高度超高、建筑形态复杂、风荷载及地震作用对结构的影响显著，为实现合理的结构体型和结构体系确保结构安全性和经济性的前提，需解决众多的技术难题。

上海中心大厦，结构布置基本呈现以下特点：构件超大，空间结构、抗侧力结构与竖向承重结构相结合，尽可能让抵抗侧向力的构件处于轴压状态而不是受拉和受弯等。塔楼结构平面为圆形，沿高度由底部直径 83.6m 逐渐收进并减小至 42m。中央核心筒底部为 30m×30m 正方形钢筋混凝土筒体，从 5 层开始，核心筒四个角部被削掉，逐渐变化为十字形，直至建筑顶部。塔楼外部幕墙呈三角形旋转上升，每层旋转 1°，共旋转 120°。塔楼结构平面布置基本对称、规则，立面均匀变化呈截锥形，有利于结构抗震和结构整体稳定。建筑外形呈流线型且螺旋上升，可减小风荷载体型系数。

由于建筑物的高度原因，为了保证大楼的使用寿命和稳定性，大楼的地基有近千根，而且每一根基桩都深入地下 86m，如此这样，大楼的稳固性是毋庸置疑的。而建筑外观呈"龙形"螺旋式上升，建筑表面的开口由底部旋转贯穿至顶部，随着高度的升高，每层扭曲近 1°。这种设计能够减缓风流，因为当台风环绕建筑时形成涡旋脱落效应，会导致摩天楼剧烈摇晃。工程师对按比例缩小的模型进行风洞测试后发现，这种外形设计能够将侧力减少24%，这对于经常经受台风考验的上海建筑来说至关重要。

随着人类人明的进行，科技的发展，人们生活质量的提高，对建筑工程的功能需求越来越高。建筑物的结构形式向更合理，高度更高，跨度更大，功能更加全面的方向发展，也给力学研究带来更多的挑战。为了促使建筑内部能够达到平衡，需要对建筑结构各个部件的受力状况实施有效的分析，而采用力学知识对建筑工程建设进行剖析则是一种科学、高效的方法，不仅能够提升工程施工质量，也是所有建筑构造的基础，对建筑领域的未来发展至关重要。工程技术实践应用的科学性可以通过力学理论的不断进步来验证，同时，在工程项目中遇到疑难问题也可以通过实践研究探索出新的力学理论，从而进一步促进力学发展。

钱学森先生曾说："展望 21 世纪，力学将是土木工程的主要手段。"建筑工程的发展离不开力学的发展，力学的发展为建筑工程的发展提供基础和可能性，同时建筑工程的发展需求刺激力学的发展，为力学的发展提供空间并指明方向。

第三章　力学与地下工程

　　地下工程顾名思义是建设在地下的工程。地下工程是一个较为广阔的范畴，它泛指修建在地面以下岩层或土层中的各种工程空间与设施，是地层中所建工程的总称，通常包括交通山岭隧道工程、城市地铁隧道工程、矿山井巷工程、水工隧洞工程、水电地下洞室工程、地下空间工程、军事国防工程等，如地铁、过江跨海隧道，地下商场，地下街，居住娱乐场所，地下车库，地下仓库等地下建筑物。这些工程分属于不同的行业领域。随着市场经济的发展，过去从事矿山、铁路、公路、水电、市政等建设施工的企业已逐渐打破了原有行业界限，纷纷跨出部门、行业，走向市场，承担着各种不同类型、不同领域的工程建设任务。地下工程建设不仅容易受到地面环境因素的影响，而且更容易受到地下工程地质与水文地质条件的制约，同房屋、道路等地上工程相比，地下工程的建设更为艰难和复杂。地下工程的规划、设计与施工需要运用工程测量、岩土力学、工程力学、工程设计、建筑材料、建筑结构、建筑设备、工程机械、技术经济等学科和洞室施工技术、施工组织等领域的知识以及电子计算机和工程测试等技术。地下工程是伴随着人类社会发展需要而逐渐发展起来的，它所建造的工程设施反映出各个不同年代社会经济、文化、科学技术发展的面貌与水平。事实上，就地下工程而言，本质上只有两大工序：挖掘和支护，其他工作都是围绕这两大工序而开展的，所以不论哪一领域或行业，其基本施工原理和方法都是相通的。

　　地下工程建设和应用与力学密不可分，力学奠定的理念如稳定、强度、滑移、渗流、摩擦等在地下工程中起着重要的作用。地下工程中的力学问题主要是岩土力学问题，研究对象是岩土体及其赋存环境（地下水、温度）。因此流体力学为地下工程的发展也做出了很大贡献，特别是流固耦合的发展、地下水的流动对地基的稳定影响。流固耦合融合了流体力学及固体力学，必须有这两个学科坚实的基础做支撑。

第一节 地下空间的发展

自从人类出现以来，已有 300 万年以上的历史。在这段漫长的时期内，地下空间作为人类防御自然和外敌侵袭的防御设施而被利用。随着科学技术和人类文明的发展，这种利用也从自然洞穴向人工洞室方向发展。如今在地下空间利用的形态已千姿百态，远远超出为个人生活服务的利用领域，而扩大到作为居民的生活需要空间。地下空间作为人类在地球上安全而舒适生活的补助空间，在经济可持续发展中，将占据重要地位，其利用程度和规模将会日益扩展。

人们一直好奇我们赖以生存的地球的内部是什么模样。地球科学家利用地震波研究地球内部的模样，经过长期观察研究，将地球内部分为三层，地球表层称为地壳，地壳以下部分称为地幔，地球最中间的部分称为地核(图 3-1)。如果把地球比作鸡蛋，最外部的地壳好比蛋壳；中心的地核就是蛋黄；像蛋白一样包围着地核的，那就是地幔了。

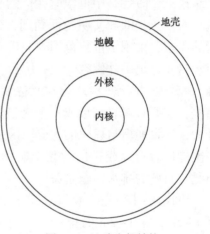

图 3-1 地球内部结构

经过风化有的表层岩石成为土壤，形成不同厚度土层。岩层和土层在自然状态下都是实体，在外部条件下才能形成空间。在岩石和土层中天然形成或人工开挖形成的空间称为地下空间。天然地下空间按成因有喀斯特溶洞、熔岩洞、风蚀洞和河海蚀洞等。

人工地下空间包括两类：一类是开发地下矿藏形成的矿洞；另一类是因为工程建设需要而开凿的地下洞室。地下空间的开发，为人类开拓了新的生存空间，并能满足某些在地面上无法实现的空间要求。因此，地下空间被认为是一种宝贵的自然资源。

1. 地下空间利用的发展过程

地下空间的利用过程与人类的文明历史是相呼应的，大致可以分为四个时代：

第一个时代是远古时代。从出现人类开始到公元前 3000 年的穴居时代，人类利用天然洞窟等地下空间防寒暑、避风雨、躲野兽等。这个时代主要用兽骨等工具开挖出洞穴而加以利用。

第二个时代是古代时期。从公元前 3000 年到公元 5 世纪，是为城市生活而利用的时代。这个时代是文明黎明时代。这个时代的开发技术可以认为是地下空间技术的基础。例如埃及金字塔、古巴比伦王朝的引水隧道。

我国古代地下工程，如秦汉时期的陵墓和地下粮仓具有较高的技术水准与规模。公元前 206 年我国建成的秦始皇陵，从已发掘出的兵马俑坑群来看，可能是我国历史上最大的地下陵墓工程。

我国湖北大冶铜绿山的采矿遗址，是保存最完整的一处古铜矿遗址，是我国古代 3000 多年前西周时期劳动人民的智慧结晶，其中的竖井、斜井和平巷相互贯通，具有相当高的建筑水准，反映了我国古代地下工程已居世界领先水平。

第三个时代是中世纪时代。约从 5 世纪至 14 世纪［我国隋朝(7 世纪)］。这个时期正是欧洲文明的低潮期，建设技术发展缓慢。但由于对锡、铁等金属的需求，出现了世界范围内的矿石开采。

自 4 世纪中叶佛教传入我国后，相继建成著名的云冈石窟、龙门石窟(北魏)、敦煌莫高窟(从北魏到元各朝)，以及甘肃麦积山和河北邯郸响堂山石窟等，这些石窟岩洞形成一个大型的雕刻艺术空间。崩坍与风化对石窟危害最大，导致崩坍与风化的主要原因是岩性和水。含碳酸钙($CaCO$)的岩洞受水侵蚀能使岩石变成松散的黏土矿物，加速岩石解体，造成窟洞崩坍与风化。因此，石窟的排水问题是关键。

唐代龙门奉先寺佛龛，曾在峭壁的上方与两则修筑了一条长 120m，宽 1~2m，深 1~2m 的排水沟，把窟顶的水引开，减少水对裂隙的渗透，有效地保护了佛龛。乐山大佛在佛头的发髻里筑建了 3 条排水系统，让雨水从佛背后排掉。

第四个时代是从 15 世纪开始的近代和现代。从 15 世纪开始，欧洲进行文艺复兴运动，产业革命和科学技术开始走在世界的前列，地下空间的开发利用进入了新的发展时期。17 世纪，火药的大范围使用，使人类在坚硬岩层中的挖掘隧道成为可能，从而进一步扩大了地下空间的开发利用。

2. 国内外地下工程发展

近年来，现代城市建设中的地铁工程、市政工程、过江和过海隧道工程在不断增加。地下工程中隧道应用占有很大的比重。截至 2020 年年底，我国投入运营的铁路隧道总长约 19630km。我国 1987 年 5 月建成的大瑶山铁路隧道是中国第一条超长双线电气化铁路隧道，位于广东省北部韶关市西北坪石至乐昌间的京广铁路衡广(衡阳—广州)复线上，自北向南穿越大瑶山，全长

14295m，隧道埋深 70～910m；中国松山湖隧道是铁路隧道，长度为38.813km，该隧道位于莞惠城际线路松山湖段，隧道包括 6 座地下车站和 7 段地下区间，该隧道于 2016 年完工；秦岭隧道(1999 年)由两座基本平行的单线隧道组成，间距 30m，各全长 18.46km，在当时居亚洲第 2 位，世界第 6 位，最大埋深 1600m，为世界之最。

近年来，我国已有了众多越江、跨海的超长隧道，如厦门翔安海底隧道，青岛胶州湾海底隧道，沪崇苏大通道(南隧北桥)的长江南港隧道，武汉、南京的长江隧道，桥隧结合并采用人工岛过渡的沉管隧道进港珠澳大通道，杭州市跨越钱塘江的庆春路、海宁钱江隧道，等等。

我国在水底公路隧道方面发展迅速，上海打浦路隧道为我国第一条水下公路隧道，位于上海市区南部黄浦江江底，包括引道在内，全长 2761m 隧道底部最大埋深在地面以下 34m；上海长江隧道是上海市境内连接浦东新区与崇明区的过江通道，位于长江水道之下，是上海崇明越江通道重要组成部分之一，采用南隧北桥方案，包括上海长江大桥和长江隧道工程两部分，其中以隧道方式穿越长江南港水域，跨江主隧道为双线圆隧道，隧道衬砌采用钢筋混凝土管片，隧道分三层，上层为烟道，中层为三车道高速公路车道层，不设紧急停车带，下层为预留轨道空间、逃生通道、设备通道，在中、下层间设有疏散楼梯。长约 8.9km，以桥梁方式跨越长江北港水域，长约10.3km。甬江、珠江、上海外环江底沉管隧道，以上海市黄浦江下游市区范围内所建水底隧道为代表，已建/在建的总数达 13 座(每座含上、下行两条，双向 4～6 车道)，还包含地铁和磁悬浮过江工程。

在沿海地区，有渤海湾跨海工程、大连湾跨海工程、青-黄海底隧道工程、上海崇明越江通道、港珠澳跨海工程、琼州通道工程、台湾连线工程、厦门东通道工程等。从 1994 年开始，广东和海南两省就联合开展了琼州海峡跨海工程前期研究工作，2008 年 3 月，交通运输部、原铁道部、广东省和海南省共同成立了琼州海峡跨海工程前期工作领导小组，2010 年，琼州海峡跨海工程确定为公路铁路两用通道，并有西线公铁合建桥梁方案、中线公铁合建桥梁方案、中线铁路隧道与西线公路桥隧组合方案等及格方案来供选择，2019 年 7 月 8 日举行跨海隧道正式开工典礼。

21 世纪是地下空间开发利用的新纪元，以隧道为代表的地下工程如雨后春笋般蓬勃发展。在长达 10 年的建设历程中，我国已成为世界上隧道建设规模、难度和数量最大的国家，涉及公路、铁路、水利和市政等诸多工程领域。近十几年，在"十一五"至"十三五"规划指导下，我国地下工程建设取得了长足的发展。随着川藏铁路等为代表的一批世纪工程的修建或推进，我国隧道与地下工程建设进入了一个新时代，面临新的历史性机遇。同时，工程建设面临极端复杂的地质条件与建设环境等挑战，以川藏铁路雅安至林芝段为例，全线桥隧比极高，隧道65座、线路总长802km，其中最长的易贡隧道长达42.2km，沿线地形高差显著、地质环境复杂、板块运动强烈、山地灾害频发。现代隧道工程不断向"深、长、大"方向发展，面临的地质问题日趋突出，意味着地下工程建设灾害风险更高，防灾代价更大，安全建设面临更严峻的挑战。

在国外，世界主要的工程有：1613年建成的伦敦地下隧道；1681年修建的地中海比斯开湾长170M的连接隧道；1843年伦敦建成的越河隧道；1863年伦敦建成世界第一条地下铁道；1871年穿越阿尔匹斯山、连接法国和意大利的全长12.8km的公路隧道开通；1988年，日本建成日本青函隧道，这是一条双轨铁路隧道，它由3条隧道组成，主隧道全长53.9km，其中海底部分长23.3km，陆上部分本州一侧为13.55km，北海道一侧为17km，主坑道宽11.9m，高9m，断面80m²，隧道轨道在海床约100m以下，海平面以下240m。轨道延伸至Tsugaru海峡下方，连接日本本州主岛青森县和北海道北岛，作为标准轨是北海道新干线的一部分；英法海峡隧道是1994年建成当时世界上第二长的水下铁路隧道，仅次于日本的青函隧道，海峡隧道处在海平面241m以下，这条双轨隧道长49.94km，直径7.6m，海底长度39km，是连接英国福克斯通和法国加来的海峡隧道，耗资超过210亿美元，创下当时的纪录，每天大约有400列火车通过隧道，运送超过50000名乘客和54000t货物，单程需35min；瑞士圣哥达基线隧道是一条穿越瑞士阿尔卑斯山的铁路隧道，1999年11月4日动工开始建设，2016年12月11日全面服务，隧道总长57.09km，是当时世界上最长的铁路和最深的交通隧道，也是第一条穿过阿尔卑斯山的隧道，它是连接瑞士乌里州和提契诺州的第三条隧道，其他两条隧道是圣哥达隧道和圣哥达公路隧道，为当时世界第二长公路隧道。

现代地下工程发展迅速，世界已有数百个城市修建了地下铁路。我国的上海、北京、广州等地地铁建设正如火如荼。一些工业发达国家，逐渐将地下商业街、地下停车场、地下铁道及地下管线等结为一体，成为多功能的地下综合体。

多层综合开发利用地下空间，是城市地下工程建设的一个特点。如日本东京的上层地下工程，便多作为地下街、商场等；挪威、瑞典、美国等更把地下工程用于民用住宅、图书馆等。我国有利用人防工程改造的商场、地下人行街、车库等。我国城市地下空间的开发和利用始于20世纪60年代，1965年北京开始建设地下铁道；70年代，修建了大量地下人防工程，其中相当一部分目前已得到开发利用，改建为地下街、地下商场、地下工厂和储藏库等；90年代以来，我国城市地下的交通与市政设施加快了修建速度。

我国地下空间开发利用的网络体系已开始建设，多在地表至地下 30m 以内的浅层修筑地下工程。随着我国基础设施的大规模建设，西部大开发、高速铁路、高速公路、南水北调、西气东输等工程中都有大量的地下工程结构。可以预见随着经济的发展，我国地下工程将进入蓬勃发展的时期。

此外，各类地下水电站的数量也在迅速增长，水电站包括：引水隧道、泄水隧道及大跨度、高边墙的地下厂房等地下工程。四川渔子溪水电站的引水隧洞是 20 世纪 70 年代我国水电站中较长的一条隧洞，长 8429m，依其沿线地质，分别采用了马蹄形、圆形等断面及钢筋混凝土、混凝土、喷混凝土和不衬砌等衬砌形式。广西的天生桥水电站，有压发电隧道 3 座，其内径为9m，各长 11.34km，埋深 400～800m。

另外，世界各国还修建了大量的地下储藏库，其建造技术不断革新。用于各类物资的储藏，如瑞典佛寺马克海底核碎料储库系统；我国柳州大型天然洞室冷藏库；以及地下油库、大型跨江海桥梁的基础、地下物流系统、地下防卫设施等。

近年来，世界各国日益重视对地下空间的开发和利用。对地下工程结构的需求量和建设正在迅猛增长。因此，在土地资源日益减少和人口增长的双重压力下，大力开发和利用地下空间，已成为人类发展的必然选择和重要出路。

第二节　地下工程中的力学问题

现代地下工程的设计和建设都离不开力学。进行地下工程建设中需要研究岩土体的失稳与运动，孔隙-裂隙岩土体介质中水分运移规律及岩土体的失稳与运动，地下渗流场、应力场、温度场之间的耦合作用机理，超大断裂面或构造带合理施工，地下观测与 GIS 系统结合，系统全面研究地下工程对环境的影响。借助扫描电镜、CT 技术，岩土体结构研究向细观和微观渗透。随着地下工程向更深地下发展，开展深部地下空间开挖中的关键技术，深部岩体(高温、高压、强渗透压及水化学效应)力学特性试验中的关键控制技术及强度准则研究等关键性力学问题，这些问题是对传统力学基础的挑战，也是推动力学学科发展的源动力。

1. 地下工程荷载的种类

地下工程承受的荷载是比较复杂的，到目前为止其确定方法还不够完善，有待于进一步研究。因地下工程埋置于地下，其荷载来源于地层本身，作用其上的地层压力较复杂，与多种因素有关，如开挖和支护之间延续的时间、岩土体力学特性、原地层压力、开挖尺寸地下水位和采用的施工方法等。其荷载作用机理，与地上工程或空中工程的作用不同。

在建造和使用过程中，地下工程均受到各种载荷的作用，使用功能也是在承受各种荷载过程中实现的。

地下工程的设计是依据所承受的荷载通过科学合理的结构形式，使用具有特定性能的材料在规定的设计基准期内以及规定的条件下，满足可靠性的要求，保证结构的安全性、适应性和耐久性。因此，进行地下工程设计时，首先要确定结构上的各种荷载。作用在地下结构上的荷载，按照其存在的状态，可分为静荷载、动荷载和活荷载三大类。

（1）静荷载

又称为恒载，是指长期作用在结构上且大小、方向和作用点不变的荷载。如结构自重、岩土体压力、弹性抗力和地下水压力等。

（2）动荷载

具有一定防护能力的地下结构物，需考虑瞬时作用的动荷载，如原子武器和常规武器（如炸药、火箭等）爆炸冲击波；除此之外，在地下建筑结构设计时，还应按照不同类型计算地震波作用下的动荷载作用、城市地铁隧道结构在运营期间长期承受车辆动荷载作用等。

（3）活荷载

活荷载是指结构物施工和使用期间可能存在的变动荷载，其大小和作用位置都可能变化，如地下结构内部的楼面荷载（人群物件和设备重量）、吊车荷载、落石荷载、地面附近的堆积物和车辆对地下结构作用的荷载以及施工安装过程中的临时性荷载等。

（4）其他荷载

除以上主要荷载的作用外，通常还有：混凝土材料收缩（包括早期混凝土的凝缩与日后的干缩）受到约束而产生的内力；温度变化使地下建筑结构产生内力，例如浅埋结构受土层温度梯度的影响，浇灌混凝土时的水化热温升和散热阶段的温降；软土地基当结构刚度差异较大时，由于结构不均匀沉降而引起的内力。

材料收缩、温度变化、结构沉降以及装配式结构尺寸制作上的误差等因素对结构内力的影响都比较复杂，往往难以进行确切计算，一般以加大安全系数和在施工、构造上采取措施来解决。中小型工程在计算内力时可以不计上述因素，大型结构应予以估计。

在地下工程设计中地下结构荷载还有另一种分类方法，即地下结构所受的荷载按照其作用特点及使用中可能出现的情况，分为三类，即永久（主要）荷载、可变（附加）荷载和偶尔（特殊）荷载。

（1）永久（主要）荷载

即长期作用的恒载，主要包括：结构自重；回填土重量；围岩压力；弹性抗力；静水压力（含浮力）；混凝土收缩和徐变影响力，预加应力及设备自重等。地层压力和结构自重是衬砌承受的主要静荷载，弹性抗力是地下结构所特有的被动荷载。

（2）可变（附加）荷载

分为基本可变荷载和其他可变荷载两类。基本可变荷载，即长期的、经常作用的变化荷载，如吊车荷载、设备重量、储油库的油压力、车辆、人员荷载等。其他可变荷载，即非经常作用的变化荷载，如温度变化、施工荷载（施工机具、盾构千斤顶推力、注浆压力）等。

（3）偶尔（特殊）荷载

偶尔发生的荷载，如地震力或战时发生的武器爆炸冲击动荷载。

2. 地下工程施工中力学问题

（1）地下工程的衬砌设计

地下工程衬砌设计和施工的主旨在于尽可能地发挥和利用围岩的自持能力，使衬砌设计更经济合理。衬砌设计计算理论经历了若干个发展阶段，目前衬砌设计计算方法可归纳为四种方法：

① 荷载结构模型（作用-反作用模型），此模型首先确定地层压力，然后计算衬砌结构在地层压力及其他荷载作用下的内力分布，最后根据内力组合进行衬砌结构断面设计和验算。

② 地层结构模型（连续介质模型，也可归为连续介质力学法，包括解析法和数值法），地下结构周围的地层不仅能对衬砌结构产生载荷，而且其自身也能承受荷载，地下结构是否安全可靠首先取决于周围地层的稳定状态。

③ 以工程类比法为主的经验法，地下工程的基本特点是围岩地质环境复杂，要确定准确的地质、围岩参数和设计荷载参数等数据极其困难，而且采用的一些施工技术机理复杂，当前对其研究尚不完善，计算理论不太成熟，因此，经验判断对地下工程设计仍有很大作用。但是毕竟每个地下工程都有其不同的特殊性，如围岩地质条件不可能完全一致，因此工程类比法也具有一定的局限性。

④ 收敛限制模型(是柔性的支护与围岩共同变形、破坏的弹塑性理论),此模型充分利用和发挥围岩的自承能力,增强围岩的强度,均衡围岩应力的分布,并允许围岩有一定程度的变形,以减少对支护的围岩压力,同时利用现场的监测值进行反馈施工。

(2) 地下工程施工方法

地下工程成败的关键是施工方法。施工方法的选择应根据工程性质、工程地质、水文地质、土岩层条件、环境条件、施工设备、工期要求等要素,经技术、经济比较后确定。应选用安全、适用,技术上可行,经济上合理的施工方法。

地下工程施工方法有明挖法(基坑开挖技术)、暗挖法、沉井法、沉管法、顶管法、盾构法和新奥法等。

明挖法(基坑开挖技术)主要用于工程实践中所出现的大量深基坑工程,形成了多种基坑围护开挖技术。隧道及地下建筑工程施工时,须先开挖出相应的空间,然后在其中修筑衬砌。施工方法的选择,应以地质、地形及环境条件以及埋置深度为主要依据,其中对施工方法有决定性影响的是埋置深度。埋置较浅的工程,施工时先从地面挖基坑或堑壕,修筑衬砌之后再回填,这就是明挖法。在城市地下工程建设中,特别是浅埋的地下铁道工程中,明挖法获得广泛应用。此外在水底隧道两端岸段、洞口入口附近等也用此法。对于明挖法施工的地下工程来说,其边坡的计算和围护结构的设计及稳定性计算是设计和施工的重点。近年常采用"地下连续墙"支护,盖挖逆筑法施工,可避免打桩的噪声与振动,减少明挖法对地面的影响。

沉井法又称沉箱凿井法,是沉井法施工的地下结构物和深基础的一种形式。通常在不稳定含水地层掘进竖井时,于设计的井筒位置上预先制作一段井筒,井筒下端有刃脚,借井筒自重或略施外力使之下沉,将井筒内的岩石挖掘出。挖掘与下沉交相进行,直到穿过不稳定地层。沉井下沉是通过自重和开挖井内的土体以减少井壁侧摩阻力来实现的。此法广泛应用于桥梁、烟囱、水塔的基础;水泵房、地下油库、水池竖井等深井构筑物和盾构或顶管的工作井,地铁站等。如北京地铁天安门西站 3 号竖井,其位于人民大会堂西路北端坑内,开挖断面为长 8m,宽 6m 的矩形。

沉管法是预制管段沉放法的简称,是在水底建筑隧道的一种施工方法。现已成为水底隧道的主要施工方法。用这种方法建成的隧道称为沉管隧道。沉管隧道就是将若干个预制段分别浮运到海面(河面)现场,并一个接一个地沉放安装在已疏浚好的基槽内。适合于沉管法施工的主要条件是水道河床稳定和水流并不过急。

顶管法是指隧道或地下管道穿越铁路、道路、河流或建筑物等各种障碍物时采用的一种暗挖式施工方法。在施工时，通过传力顶铁和导向轨道，用支撑于基坑后座上的液压千斤顶将管压入土层中，同时挖除并运走管正面的泥土。当第一节管全部顶入土层后，接着将第二节管接在后面继续顶进，这样将一节节管子顶入，做好接口，建成涵管。顶管法特别适于修建穿过已建成建筑物、交通线下面的涵管、河流或湖泊。顶管过程是一个复杂的力学过程，它涉及材料力学、岩土力学、流体力学、弹塑性力学等诸多学科。但顶管计算的根本问题是要估算顶管的推力和后背承载能力。顶管的推力就是顶管过程管道受的阻力，包括工具管切土正压力、管壁摩擦阻力及工具管气水压力。后背作为千斤顶的支撑结构，因此，后背要有足够的强度和刚度，且压缩变形要均匀。所以，应进行强度和稳定性计算。

暗挖法，即不挖开地面，采用在地下挖洞的方式施工。矿山法和盾构法等均属暗挖法。当埋深超过一定限度后，常采用暗挖法施工，暗挖最初多用传统的矿山法，20 世纪中叶创造了新奥法，该法是尽量利用围岩的自承能力，用柔性支护控制围岩的变形及应力重分布，使其达到新的平衡后再进行永久支扩，目前应用较广。

矿山法指的是用开挖地下坑道的作业方式修建隧道的施工方法。矿山法是一种传统的施工方法。此法又可分为：①钻眼爆破法。位于各类岩石地层内的隧道，均可采用钻眼、装药、爆破的方法开挖。在硬岩中开挖隧道可采用凿岩台车钻眼，进行全断面开挖。它的基本原理是，隧道开挖后受爆破影响，造成岩体破裂形成松弛状态，随时都有可能坍落。基于这种松弛荷载理论依据，其施工方法是按分部顺序采取分割式一块一块地开挖，并要求边挖边撑以求安全，所以支撑复杂，木料耗用多。随着喷锚支护的出现，使分部数量得以减少，并进而发展成新奥法。②新奥法，即新奥地利隧道施工方法的简称，是应用岩体力学理论，以维护和利用围岩的自承能力为基点，采用锚杆和喷射混凝土为主要支护手段，及时进行支护，控制围岩的变形和松弛，使围岩成为支护体系的组成部分，并通过对围岩和支护的量测、监控来指导隧道和地下工程设计施工的方法和原则。其特点是在开挖面附近及时施作密贴于围岩的薄层柔性喷射混凝土和锚杆支护，以便控制围岩的变形和应力释放，从而在支护和围岩的共同变形过程中，调整围岩应力重分布而达到新的平衡，以求最大限度地保持围岩的固有强度和利用其自承能力。因此，它也是一个具体应用岩体动态性质的完整力学方法，其目的在于促使围岩能够形成圆环状承载结构，故一般应及时修筑仰拱，使断面闭合成圆环。它适用于各种不同的地质条件，在软弱围岩中更为有效，新奥法几乎成为在软弱破碎围岩地段修筑隧道的一种基本方法。③掘进机开挖法，掘进机是利用安装在机轴转盘上的刀具直接切削岩层。首先制造隧洞掘进机的是美国罗宾斯公司，中国已经制造了如直径5.8m的水工隧洞掘进机，使用效果良好。近年来，隧道开挖后的支护有了很大的发展，喷锚支护为各种复杂地质条件下使用矿山法修建各种隧道提供了有效的支护。

盾构法是指使用盾构机一边控制开挖面及围岩不发生坍塌失稳，一边进行隧道掘进、出渣，并在机内拼装管片形成衬砌、实施壁后注浆，从而不扰动围岩而修筑隧道的方法。盾构掘进隧道允许在纵长的地下结构以下施工，覆盖层浅，在不稳定地层和含地下水的地层都不会引起地表断裂或较大的沉陷。它可应用于很松散的土质或高压强的地层中，如在软塑性的或流动的地层中施工。盾构法涉及复杂的力学问题，如在盾构机推进过程中会导致周围埋地管道产生附加应力和变形，而如果施工处理不当，会导致埋地管道的附加应力和变形过大，进而导致管线发生爆裂和泄漏的事故。

对于松软含水地层可采用泥水加压或土压平衡式盾构施工。修建水底隧道除采用盾构法外，还可采用沉埋法，此法主要工序在地面进行，避免了水下作业，优点显著，应用日益广泛；在坚硬的岩层中可以用掘进机施工。目前我国城市地铁施工中多采用盾构法。

（3）地下工程设计中的技术细节

地下工程设计中的技术细节的主要包括：①计算荷载。按地层介质类别、建筑用途、防护等级、地震级别、埋置深度等求出作用在结构上的各种荷载值。②计算简图。根据实际结构和计算工具情况，拟出恰当的计算图式。③内力分析。选择结构内力计算方法，得出结构各控制设计截面的内力。④内力组合。在各种荷载内力分别计算的基础上，对最不利的可能情况进行内力组合，求出各控制界面的最大设计内力值。⑤配筋设计。通过截面强度和裂缝计算得出受力钢筋，并确定分布钢筋与架立钢筋。⑥绘制结构施工详图。如结构平面图、构件配筋图、节点详图、风、水、电和其他内部设备的预埋件图。⑦材料、工程数量和工程财务预算。

由此可以看出力学知识在地下工程建设中起到重要的作用。

第三节　地下工程面临的力学挑战

近代地下工程建设要求工程设计不但要考虑工程结构本身，同时也需提供其施工兴建过程中不同阶段动态变化与相互影响的成果，涉及固体力学、结构力学、工程地质、岩土工程、试验力学、流体力学、计算力学等多门学科领域。因此地下工程在力学方面面临着多项挑战，包括：

① 荷载的不确定性，地下洞室群工程结构承受的主要外载有岩体的地应力、地下渗压和地温应力等，而这些是漫长地质构造运动形成的，很难弄清其分布特点和准确量值。

② 施工过程岩石结构的几何参数及其边界随时间变化，而且荷载作用位置也随时间发生变化，在施工和使用过程中还会受到突发性、灾害性载荷，如自然灾害(地震等)、突发事件(撞击、塌落、断裂等)与工程环境(开挖、岩爆、打桩、沉降等)因素影响。

③ 支护等材料的强度、刚度随时间变化，如混凝土材料，其强度和刚度随浇筑龄期发生变化，在力学上属于变刚度结构分析，当然强度随时间变化还会影响强度设计计算。

④ 岩土介质的应力状态不仅与当前的变形状态有关还与变形历史有关，这是由本构关系非线性特性决定的；岩土介质又具有流变特性，即在应力状态不改变的情况下，随着时间的推移，会发生缓慢变形。这两个特性在地下工程中称为时空效应。

因为流变特性，变形状态是以前不同状态应变场在不同时间间隔产生时效的叠加，这有别于一般黏弹性分析。而且岩土介质、混凝土等均具有非线性本构关系特性，材料强度及刚度不是恒值而与应力或应变状态有关。因此其与施工路径(几何形状变化路经)发生关联，形成一类特殊非线性分析问题，即结构最终力学状态不但取决于其最终几何形状及荷载、物理特性，而且与形成最终几何形状的路径有关。

⑤ 存在固、液、气的耦合问题，需要对岩土介质本构关系进一步探讨。物体受力会变形，受力与变形之间的关系就是所谓的本构关系。本构关系与组成物体介质的微结构组织有关，就像物理性质与分子结构有关，化学性质与原子结构有关一样。

岩土介质的组织结构极复杂，一般认为是固-液-气三相多孔介质，岩体中含有大量的微裂隙，砂土则主要属颗粒树科。在外载荷的作用下，岩体中的微裂隙将经历一个从发育到聚合的演化过程，砂土颗粒之间则发生相互滑动和滚动，这就导致了岩土介质的宏观变形具有塑性特性和与时间相关的流变特性(黏性)，后一特性对于软黏土和承受高地应力的岩体尤其明显。另外，固-液-气三相多孔介质中的渗流现象对于地下结构的影响也非常重要。

地下工程施工中自然因素之一的地下水是引起安全隐患，导致施工困难和超支预算费用的主要原因。在面对地下水渗流问题上有裂隙结构的岩体水力学和连续介质岩土体稳定、非稳定渗流理论。在实际工程中，渗流问题也逐渐被列入隧道地下工程应力应变的分析中，以确保隧道地下工程在施工期间和使用运营期间有足够的安全性。流固耦合问题按研究对象分为两大类：一类是孔隙连续介质岩土体；另一类则是裂隙结构的岩体。

⑥ 需要对地下结构物与围岩介质进行耦合分析。地下结构物被岩土介质所包围，而岩土介质则被嵌入地下结构物，两者互相作用（即互给对方施加载荷），共同协调变形，力学过程是完全耦合在一起的。这样，虽然我们只想对地下结构物进行强度和刚度分析，但却不得不分析整个岩土介质，即地下结构物系统。耦合分析的关键在于处理界面条件，因为岩土介质与地下结构物之间的相互作用和协调变形是在界面上实现的。

⑦ 对长、大隧道设计、施工技术中非连续岩体的大变形和破坏分析；目前大批深长隧道修建在地质条件极端复杂的地区，如西部高原山区、西南岩溶发育地区等。隧道修建过程中常遭遇突涌水、围岩垮塌、大变形、岩爆等典型突发性地质灾害。突涌水灾害呈现显著的超高水压、超大流量、高隐蔽性、强突发性和强破坏性特点，其防控是世界级工程技术难题。岩爆呈现出滞后性、延续性、衰减性、突发性、猛烈性的特点，造成支护系统损毁、设备瘫痪，诱发大规模岩体坍塌，严重影响施工人员安全。大变形灾害因其变形量大、变形速率高和变形持续时间长的特点，常造成衬砌压裂、结构错位，最终诱发大型塌方事故，延误工期。

⑧ 需要找到真正适合岩体力学的理论和分析方法。岩土力学和地下工程结构的联合分析与讨论实效性价值显著，地下工程结构在目前的社会实现中部件数量在增加，规模也在加大，而要保证地下工程结构的稳定性，要依靠岩土力学对工程结构的地质介质做具体的分析。需要研究岩体地下通道开挖响应，在地下岩体中挖去一部分使之成为通道，剩余岩体因失去原本存在的那一部分岩体对它的作用，必将发生变形，我们称之为岩体的开挖响应。将岩体简化为节理裂隙模型，在此基础上分析开挖响应是研究的重点。岩石的二次应力分布需要进一步研究，围岩压力的计算、节理等不连续面对围岩二次应力状态和围岩压力的影响以及开挖洞室后围岩的稳定性需要进一步评估。

第四章　力学与水利工程

　　水利工程是用于控制和调配自然界的地表水和地下水，达到除害兴利目的而修建的工程。水是人类生活和生产劳动所必需的、能由大气降水补给的自然资源。地球上的水源及其水域有：海洋、冰川、湖泊、河流、地下水、大气中的水蒸气等，总水量约为 $15×10^8 km^3$，但水的自然存在状态并不完全符合人类的需要，甚至有时还深受其害，只有修建水利工程，才能控制水流，防止洪涝灾害，并进行水量的调节和分配，以满足人民生活和生产对水资源的需要。水利工程需要修建坝、堤、溢洪道、水闸、进水口、渠道、渡漕、筏道、鱼道等不同类型的水工建筑物，以实现其目的。

　　水利工程的发展与科学技术的进步息息相关，而工程力学对其做出了突出的贡献。在水利工程设计、施工及管理中，涉及理论力学、材料力学、流体力学、结构力学、岩石力学、弹性力学、塑性力学、流变力学、损伤断裂力学等，工程状况极其复杂多样。

第一节　水利工程简介

　　追寻我国人类社会发展的轨迹，首先是从治水开始的。大禹和先贤们的治水，带来了华夏民族的聚合、振兴和发展。探索人类治水的历史，首先也是从水利工程的建设起步的。从防洪工程、灌溉工程、航运工程到供水工程，哪里有人类生存，哪里就有水利工程。

1. 我国古代著名的水利工程

　　我国古代的水利工程在促进农业生产、发展交通运输、预防水灾和旱灾等方面都有着重要的作用。夏朝时我国人民就掌握了原始的水利灌溉技术。西周时期已构成了蓄、引、灌、排的初级农田水利体系。远在春秋战国时代，就修筑了不少渠道并引水灌田，著名的有芍坡、漳水十二渠等。秦代修建的都江堰在古代水利科学史上有着很高的造诣，都江堰位于四川省成都市都江堰市灌口镇，是中国建设于古代并使用至今的大型水利工程，被誉为"世界水利文化的鼻祖"，是全世界迄今为止，年代最久、唯一留存、以无坝引水为特征的宏大水利工程，也是世界文化遗产。大型水利工程的修建，促进了中原、川西农业的发展。其后，农田水利事业由中原逐渐向全国发展。秦代有名的灌溉工程，还有郑国渠、秦曲等。汉唐两代的河渠陂塘项目较多，为后世称道的有白渠、汉渠、镜湖、钱塘湖等，它们在农业生产上都发挥了显著的功效。在我国新疆，由于气候干燥，饮水困难，当地人民在很早时期就创造了坎儿井，有效利用地下潜水进行灌溉。

在航运方面，人们很早就注意到航运的效益，尽可能利用水上运输。为了克服地形的限制，增加水源，曾长期进行大运河的修建改造工程。春秋时期的吴国开挖了古江南河和邗沟，古江南河沟通苏州和扬州间的水道，它是中国开挖最早的运河，邗沟沟通长江与淮河水系。战国时期开挖了伍堰，秦朝开挖了灵渠，灵渠是秦始皇伐南越时，由史禄负责兴修，沟通了湘水和漓水。后来在历代陆续经营下，开创了作为南北交通干线的大运河，连接了钱塘江、长江、淮河、黄河、海河等水系，扩大了运输的范围。这条运河连接了向北流的湘江和向南流的漓江，使长江水系和珠江水系之间进行了沟通，以后历代又曾多次修缮利用。灵渠是世界上最古老的运河之一，有着"世界古代水利建筑明珠"的美誉。隋朝大运河开挖于 605 年，分为永济渠、通济渠、邗沟和江南河四段，全长四五千里，以东都洛阳为中心，东北通到涿郡，东南到余杭，成为南北交通的大动脉。元代开凿了从山东东平到临清的会通河，后来又开凿了从通州到大都的通惠河，这就使原有的运河连接起来。运河的开挖扩大了运输的范围，这一古代交通的大动脉，是古代人们集体力量和智慧的产物。

为了防止洪水灾害，人们还在许多河流湖泊上修筑了堤坝防护，控制住一定的洪水，减少泛滥成灾的机会。如黄河、长江两岸都筑起较长的防护堤坝。在江浙沿海地区，经常受到海潮侵袭，就修筑海塘，阻挡海水，在不同的程度上战胜了自然的灾害。

2. 国内现代著名水利工程

中国是全球大型水利设施最发达的国家，水利工程遍布全国。最为出名的水利工程有三峡水利枢纽工程和南水北调工程。

（1）三峡水利枢纽工程

中国大地有拦蓄近 $9000 \times 10^8 m^3$ 库容的近 10 万座水坝，其中我国的三峡大坝是世界上有名的水利工程。三峡水电站是全世界最大的水力发电站以及清洁能源生产基地，也是新中国成立以来建设的最大的工程项目。三峡水电站1994年正式开始修建，历时9年，2003年6月1日正式开始蓄水发电，2009年全部完工。

三峡水利枢纽工程位于西陵峡中段湖北省宜昌市境内的三斗坪，距下游葛洲坝水利枢纽工程38km。三峡大坝工程包括主体建筑物工程及导流工程两部分，工程总投资为954.6亿元人民币。三峡工程是迄今世界上综合效益最大的水利枢纽，在发挥巨大的防洪效益和航运效益外，其$1820×10^4kW$的装机容量和$847×10^8kW \cdot h$的年发电量均居世界第一，三峡大坝荣获世界纪录协会世界最大的水利枢纽工程世界纪录。这座高181m全长2309m的庞然大物以超过$1600×10^4m^3$的混凝土打造而成能拦蓄$221.5×10^8m^3$的洪水与4个太湖的蓄水量相当，是世界上规模最大的混凝土重力坝。

（2）南水北调工程

南水北调是新中国成立之后所建设的最浩大的水利工程，是缓解中国北方水资源严重短缺局面的重大战略性工程。南水北调总体规划为东线、中线和西线三条调水线路。通过三条调水线路与长江、黄河、淮河和海河四大江河的联系，构成以"四横三纵"为主体的总体布局，以利于实现我国水资源南北调配、东西互济的合理配置格局。我国南涝北旱，南水北调工程通过跨流域的水资源合理配置，大大缓解我国北方水资源严重短缺问题，促进南北方经济、社会与人口、资源、环境的协调发展。

3. 国外著名的水利工程

世界各国都有著名的水利工程，如美国的胡佛大坝和大古力大坝，埃及的阿斯旺大坝，巴西和巴拉圭的伊泰普水电站等。

（1）胡佛大坝

胡佛水坝（Hoover Dam）是美国综合开发科罗拉多河水资源的一项关键性工程，位于内华达州和亚利桑那州交界之处的黑峡（Black Canyon），具有防洪、灌溉、发电、航运、供水等综合效益。胡佛大坝是一座拱门式重力人造混凝土水坝，坝体高度为221.4m，底宽200m，顶宽14m，堤长377m，大坝蓄水总库容为$352×10^8m^3$。这样巨大的水坝在世界上是不多见的。胡佛大坝于1931年正式动工修建，1936年正式建成进行蓄水发电，其被评为美国现代土木工程七大奇迹之一。胡佛大坝建在深窄峡谷内，坝基基岩为坚硬的安山岩、角砾岩。坝基设置水泥灌浆帷幕和排水孔，对上游剪力带进行灌浆加固。大坝施工采用柱状浇筑法，该坝是首次采用埋设水管冷却的高坝。

（2）阿斯旺大坝

埃及尼罗河上所筑的阿斯旺大坝于1960年在苏联援助下动工兴建，

1971 年建成，历时 10 年多，耗资约 10 亿美元，使用建筑材料 $4300 \times 10^4 m^3$，是具有灌溉、发电、防洪等综合效益的大型水利工程，为世界七大水坝之一。阿斯旺大坝在控制了尼罗河千百年来周而复始的泛滥，但也使两岸的农田失去了天然的肥源。它横截尼罗河水，高峡出平湖。大坝长 3830m，高 111m，相当于大金字塔的 17 倍。大坝建成后，其南面形成一个群山环抱的人工湖——阿斯旺水库。湖长 500 多公里，平均宽 10km，面积 $5000 km^2$。电站厂房位于右岸边，利用施工期 6 条直径 15m 的导流隧洞改建成发电与泄洪合一的引水隧洞，装机 12 台，共 $210 \times 10^4 kW$，最大泄洪量 $6000 m^3/s$。

大坝采用黏土心墙堆石坝，高 111m，顶宽 40m，底宽 980m，坝顶长 3830m。阿斯旺大坝在黏土心墙内布置灌浆和廊道是大胆创新，廊道净宽 3.5m，高 5m，为钢筋混凝土结构。

（3）伊泰普水电站

位于巴拉那河流（世界第五大河，年径流量 $7250 \times 10^8 m^3$）经巴西与巴拉圭两国边境的河段，由巴西与巴拉圭共建，发电机组和发电量由两国均分。目前共有 20 台发电机组（每台 $70 \times 10^4 kW$），总装机容量 $1400 \times 10^4 kW$，年发电量 900 亿度，其中 2008 年发电 948.6 亿度。是当今世界装机容量第二大，发电量第二大水电站，仅次于我国三峡电站。

第二节　水利工程中的力学问题

水利工程的发展与社会及科学的发展密切相关，其中力学起到促进作用。水利工程在设计、施工及应用中，工程状况复杂多样，涉及力学学科的交叉，与理论力学、材料力学、流体力学、结构力学、岩石力学、弹性力学、塑性力学、流变力学、损伤断裂力学等密切相关。

1. 水利工程中的理论力学

水利工程中涉及的理论力学问题包括静力学、运动学和动力学方面的知识。

静力学问题：水利工程中的不同建筑物，如水闸、水坝、水电站、桥梁、隧洞等，为了承受一定荷载以满足各种使用要求，其受力一般必须满足力系的平衡条件。因此，要对各构件进行受力分析，根据平衡条件求出这些力中的未知量，据此设计断面尺寸及钢筋配置等。

运动学问题：需用运动学理论研究水坝在泄洪时和发电过程中水流运动

规律等，水电站厂房中设备的运动轨迹也可以根据运动学理论进行计算。

动力学问题：水利工程中需用动力学原理研究物体本身的属性和所作用的力，并对物体的运动做全面分析。需要研究抗震问题，如水电站厂房结构、大坝等在动荷载作用下的振动；溢流坝泄洪时，水流对坝体的作用力；水力发电过程当中水锤现象；水流流过水轮机对其产生的作用力，急转弯时的运动稳定问题等。定向爆破山石的落点也要用到动力学理论。

2. 水利工程中的材料力学和结构力学

材料力学是研究构件强度、刚度、稳定性规律的一门学科。为保证水利工程的安全，水利工程中建筑物的设计都需要满足强度、刚度和稳定性的要求。即必须同时满足三个方面的要求：构件必须具有足够的强度，不会发生破坏；具有足够的刚度，发生的变形能限制在正常工作许可范围以内；构件具有足够的稳定性，在原有形状下的平衡应保持为稳定的平衡。材料力学在水利工程中的应用几乎贯穿工程建设的全过程。其主要内容包括建立构件在外力作用下应力、应变、位移等的理论公式，确定材料的破坏准则。对构件进行强度、刚度、稳定性计算和评价，材料力学中的相关知识与理论则为解决这些问题提供了很好的工具与方法，尤其是在建筑材料的选择以及水工建筑物应力分析方面有着突出的应用。

结构力学是研究工程结构在静力、动力等各种荷载、温度变化、支座位移等因素作用下，强度、刚度和稳定性计算原理、计算方法的一门科学。

在水利大坝建设中，按照受力方式可以分为：重力坝、拱形重力坝、拱坝、均质坝、面板坝、心墙坝和重力墙堆石坝等，每种坝受力方式不同，承载能力不同，造成的破坏程度也不同，需要根据其承载能力进行材料选择，使之强度、刚度、稳定性都满足要求。水利工程中的水工建筑物，如重力坝、水闸、溢洪道等都会用到组合变形当中的应力计算公式。构件在受到载荷作用产生应力的同时，也会发生变形。这些构件不仅要具有足够的强度，而且变形不能扩大，否则会影响工程的正常使用。如水闸的闸门横梁变形过大，会使闸门与门槽之间配合不好，发生开启困难和漏水等情况。

混凝土是现代水利工程上应用最广、用量极大的建筑材料，其具有较高的强度及耐久性，但也存在抗拉强度低，在温度、湿度变化的影响下，容易产生裂缝等缺点，因此，研究混凝土的变形条件和实际的应力计算对保证水利工程的安全性具有重要意义。

水利工程中，水工建筑既对水起制约作用，又承受水的作用，水工建筑物的设计、优化和验证与材料力学、结构力学关系非常密切。水工建筑物的结构形式、尺寸、材料等诸多因素的确定，以及应力、变形、沉降、稳定性等方面是否符合要求，均需要依靠材料力学、结构力学等进行理论分析、实验研究和数值计算，给出量化的回答。

3. 水利工程中的水力学

水力学在水利工程建设中有着非常广泛的应用，如水利工程中的水闸、土石坝、重力坝等，涉及闸门出流、堰流、动水作用力、渗流等问题，水电站管道涉及流量、压强、气蚀等水力学问题。

水静力学研究流体静止或相对静止状态下的力学规律及其应用，探讨流体内部压强分布，流体对固体接触面的压力、对浮体和潜体的浮力及浮体的稳定性，以解决蓄水容器、输水管渠、挡水构筑物、沉浮于水中的构筑物，如水池、水箱、水管、闸门、堤坝、船舶等的静力荷载计算问题。

水利工程中，分析坝体基本剖面、核算坝体、堤防、码头等水工建筑物的稳定性，计算开启闸门所用的力等情况都属于该范畴。

水动力学研究流体运动状态下的力学规律及其应用，主要探讨管流、明渠流、堰流、孔口流、射流多孔介质渗流的流动规律，以及流速、流量、水深、压力、水工建筑物结构的计算，解决给水排水、道路桥涵、农田排灌、水力发电、防洪除涝、河道整治及港口工程中的水力学问题。地基以及土石坝坝体中涉及渗流；泄洪时，管流、闸孔出流、堰顶溢流都属于高速水流，涉及空蚀、气蚀问题；水电站的流道是管道水力学问题，也涉及气蚀问题，更重要的是它还涉及水击；除此以外，还有砼坝的扬压力问题等。

在进行具体的工程设计时还会涉及渗透问题，如选择合理的土坝坝型、防渗和排水结构时，要提出和论证保证简化施工工艺、降低建筑物预算造价的许多方案（装配式孔隙混凝土块排水，用当地材料、选矿企业废料作心墙和过渡区，堆石戗堤和充填砂等），查明以前未考虑到的影响建筑物及其基础的渗透因素。对不同建筑物上下游水位昼夜、季节变化时，以及在风浪和渗流边界压力脉动情况下的不稳定渗透规律进行研究。

4. 水利工程中的土力学和岩石力学

土力学是研究土的工程特性的科学，即土体内应力、应变之间的关系，以及应力、应变、时间三者之间的关系。工程中可以据此研究土的变形性质、地基沉降、土的抗剪强度、土压力、土稳定性、天然地基承载力、地基处理、土动力及地震特性等内容。水利工程建设面临许多土力学问题，如土质堤坝中控制沉降变形，边坡安全评估和防灾减灾措施设计等。

岩石力学又称岩体力学，是一门研究岩石在外界因素（如荷载、水流、温度变化等）作用下应力、应变、破坏、稳定性及加固的学科，是力学的一个分支。

岩石力学在水利建设中主要研究的问题包括：①坝基坝肩稳定性，防渗加固理论和技术；②有压和无压引水隧洞设计、施工及加固处理技术；③大跨度高边坡地下厂房的围岩稳定及加固处理技术；④高速水流冲刷岩石力学问题；⑤水库诱发地震的预报问题；⑥库岸稳定及加固方法。如水工建设中常遇到的基岩，岩坡以及地下洞室的安危都与岩石的稳定和变形息息相关，而这些问题正是需要采用岩石力学进行研究。

　　边坡分析中会用到岩石力学。边坡工程根据地层物质不同，可分为土质边坡和岩质边坡。水利工程中涉及大量的边坡工程，如库岸边坡、坝肩两岸边坡、渠道边坡等，还涉及边坡稳定、边坡防护和边坡处理的岩土力学问题。一般岩体的失稳都会沿一个薄弱的滑面发生移动，因此对于岩体失稳研究主要包括三部分内容：第一，找出岩体中薄弱的滑动面；第二，确定边界条件和计算方法；第三，确定岩石的力学参数。现在较为流行的方法是采用有限元法进行分析，而对岩体中薄弱滑动面一般采用动态滑面搜索。

　　由于水利建设对原有岩体的开挖不可避免，由此产生众多的边坡处理问题。如三峡工程的建设，导致整个库区中很多古滑坡重新复活以及新滑坡的产生，这促使人们对滑坡产生的机理、变形、失稳动力、诱发因素、预报监测、加固设计都有了更深入的研究。

　　在工程的设计和施工中，要求深入系统地研究岩石的变形特性、破坏机理及其力学模型，从而在工程设计中预测岩石工程的可靠性和稳定性。并使工程尽可能地经济、可靠，其中的岩体力学问题往往具有决定性的作用。

第三节　重大水利工程中的力学问题

1. 三峡水利枢纽工程中的力学问题

　　三峡大坝是世界上规模最大的混凝土重力坝，涉及复杂的力学问题。其中之一就是扬压力。

　　稳立于洪涛的重力坝也并非无懈可击，它还必须战胜扬压力。这种特殊的作用力由两部分组成：一是地基渗水和坝体渗水所产生的渗透压力，二是淹没于水下的坝体所承受的上浮力。在扬压力的作用，下坝体相当于被向上托举，极不利于坝体稳定。为此，工程师们千方百计试图在保证坝体稳定的同时尽可能减小坝体与地基间的接触面，从而避免产生过大的扬压力。可将坝体内部分段收缩形成一节节空腔形成宽缝重力坝，甚至直接将坝体的下部掏空形成一座空腹的空腹重力坝。但仅仅这样做还是不够的，因重力坝的体型过于庞大，混凝土浇筑时的温度条件、施工步骤更是复杂，为此，工程师转而改用掺杂粉煤灰的特殊混凝土，结合与土石坝相同的碾压方式，建成取长补短、优势互补的碾压混凝土重力坝。这种新型筑坝技术既能减少混凝土用量，又能简化施工步骤，还能便于大型机械施工，从而缩短工期、降低造价，可谓一举多得。

2. 南水北调工程中的力学问题

力学是南水北调工程中涉及的最主要、最基本的学科，其中一些重大技术问题，大部分都与力学有关。

水力学与河流动力学问题，要保证按设计要求把水安全送到北京、天津及华北地区，如何科学地分配水头是该工程中最主要的水力学问题。此外还包括冬季由南向北输水过程中，可能会发生冰灾；上游水位壅高对防洪的影响；河床冲刷对下游城市、铁路等的影响；高含沙水流与一般水流特点不同，紊动结构不一样，性能极具复杂性；中线上的倒虹吸分为穿过河谷的渠道倒虹吸和穿过渠道的河道倒虹吸两类。

结构力学问题，南水北调中线工程有千余座建筑物，结构力学是它们设计的基础。各类建筑物，甚至每个建筑物都有其不同的结构力学问题。其中几个主要的结构力学问题为：①用盾构法施工的大型隧洞的结构力学问题，除承受很大的土压力和外水压力外，还要承受巨大的内水压力，这比一般的交通隧道复杂得多；②大型的渡槽，荷载很大，受力复杂；③工期很长，新老混凝土接合技术问题。

土力学问题，南水北调中线工程总干渠有大量的土力学问题，包括：①总干渠沿程通过一些特殊土类段，主要有膨胀土、黄土、粉细砂等，特别是膨胀土，需研究膨胀土的基本特性、膨胀土渠段边坡破坏的力学机理、滑坡的早期预报、防止滑坡措施及其理论研究等，这对膨胀土渠段的设计，节省工程量和投资均具有重要意义；②大型隧洞围土的力学特性，隧洞设计中弄清围土的压力分布是十分重要的；③冻土问题也是很重要的，需研究土的冻胀机理、冻胀量、防冻胀的衬砌材料和衬砌形式等。

南水北调工程是一个超大型、复杂的系统工程，它的建设必将促进力学中各学科的发展和提高。

3. 葛洲坝水利工程中的力学问题

葛洲坝水利枢纽中一个重要的岩石力学问题是：坝址区为丘陵地形，河床宽约2200m。江中分布两个小岛，自右至左，将河流分为大江、二江、三江三条水道，大江为主河槽。大坝位于白奎纪红层上，为一套内陆河湖相沉积。下部为厚层钙质胶结的砾岩，主要分布于右岸及右侧大江主河槽段；中上部为砂岩、粉砂岩、黏土岩互层，分布于二、三江地段。黏土岩及黏土质粉砂岩均为软弱地层，其中一部分在后期层间错动的构造作用下，演化为泥化夹层。

4. 美国圣弗兰西斯坝工程中的力学问题

圣弗兰西斯坝位于美国加利福尼亚州洛杉矶市附近的圣弗兰西斯溪上，水库为洛杉矶市供水，是一座实体重力坝，平面上呈拱形布置。坝高 62.5m，顶宽 5m，底宽 53.4m，库容 $4700 \times 10^4 m^3$。工程于 1924 年 4 月开工，1926 年 5 月建成。1928 年 3 月 12 日午夜突然溃决，造成重大损失，该大坝是迄今为止所有失事重力坝中最高的一座。

圣弗兰西斯坝的溃决主要原因是由地基岩层的破坏所造成的。坝的所在地地基岩石质量低劣，而坝的设计未能和低劣的地基条件相适应。水利工程中坝基地质条件是保证大坝安全的重要条件，坝基必须有足够的承载力、抗滑稳定性和渗透稳定性。坝址选择时必须充分论证，对于局部不能满足要求的选定坝址，应采取工程措施进行改良，达到建坝和保证长期稳定运行的条件。对坝基岩体遇水会膨胀或泥化软化，有浅层或深层抗滑稳定问题的，特别要谨慎对待。

5. 法国马尔帕塞拱坝工程中的力学问题

马尔帕塞拱坝位于法国东部的莱郎河上，坝址距出海口 14km，专为附近 70km 范围内供水、灌溉和防洪等需要而建成。该坝由法国著名的柯因-贝利艾公司设计，是一座双曲薄拱坝，坝高 66m，坝顶长 223m，拱圈中心角 135°，坝顶厚 1.5m，拱冠梁底厚度 6.76m。左岸有带翼墙的重力推力墩，长 22m，厚 6.5m，到地基面的混凝土最大高度为 11m，开挖深度 6.5m。在坝顶中部设无闸门控制的溢洪道，坝基为片麻岩，坝址范围内有两条主要断层。水库建成后，历时 4 年一直未蓄满水。1959 年 12 月，由于连降暴雨，水库首次蓄满，大坝突然溃决失事。当时全世界已建的 600 多座拱坝中，它是第一座失事的现代双曲拱坝，也是当时拱坝建筑史上唯一一座瞬间全部破坏的拱坝。

事故调查委员会认为在拱圈单独作用下重力墩是安全的。被冲走的附有基岩的大量混凝土块中，均未发现混凝土与岩石接触面有破坏迹象，混凝土质量良好，由此判断，坝失事是由坝基岩石引发的。委员会认为，水的渗流在坝下形成的压力引发了第一阶段的破坏。马尔帕塞坝失事至今，其失事的原因一直未取得完全一致的认识。但绝大多数专家都认为坝基内过大的孔隙水压力引发坝肩失稳是造成失事的主要原因。因此，必须十分重视坝肩稳定问题，重视不利地质构造和长期运行的渗透水压力对坝肩稳定的不利影响。

第五章 力学与采矿工程

第一节 采矿工程

矿产资源，又名矿物资源，是指经过地质成矿作用而形成的，天然赋存于地壳内部或地表，埋藏于地下或出露于地表，呈固态、液态或气态的，具有开发利用价值的矿物或有用元素的集合体。

以固态矿产资源中的煤炭资源为例，开采煤炭矿产资源，简称采矿，指运用煤矿开采学、矿山压力及控制、煤矿地质学、煤矿安全科学与技术等理论，按科学的工程程序，使用一定的机电设备及配套系统采出地下煤炭以及伴生资源的一种工程活动和科学技术。根据煤炭资源赋存情况，煤矿开采一般分为井工煤矿和露天煤矿。当煤层埋深较深时，一般选择向地下开掘巷道采掘煤炭，地下作业，危险系数高，此为井工煤矿。当煤层的地表覆盖层较浅时，一般选择直接剥离地表土层挖掘煤炭，危险系数较低，此为露天煤矿。其中，井工开采在我国占统治地位，其煤炭产量占总产量的95%以上。

1. 采矿方法

煤矿开采方法是综合运用采煤学、矿山压力与控制、矿井地质、机电设备与配套、安全工程、系统工程、流体力学、管理科学与工程等理论及技术，将煤炭及瓦斯等伴生资源高效、安全开采方法、工艺和技术。根据矿井类型可分为地下开采和露天开采。地下开采，即通过由地面向地下开掘井巷采出煤炭的方法，又称为井工开采。露天开采，是直接从地表揭露并采出煤炭的方法。根据矿井地质条件，井工开采和露天开采又分别分为多种方法。

（1）露天开采

露天矿开采是用一定的开采工艺，按一定的开采顺序，剥离岩石、采出矿石的方法。露天矿开采工艺，按作业的连续性分为间断式、连续式和半连续式。间断式开采工艺适用于各种地质矿岩条件；连续式工艺劳动效率高，易实现生产过程自动化，但只能用于松软矿岩；半连续式工艺兼有以上两者的特点，但在硬岩中，需增加机械破碎岩石的环节。开采顺序是采矿和剥离在时间和空间上的相互配合。

当煤层接近地表时，采用露天开采的方式较为经济。煤层上方的土称为表土。在尚未开发的表土带中埋设炸药爆破，接着使用挖泥机、挖土机、卡车等设备移除表土。这些表土则被填入之前已开采的矿坑中。表土移除后，煤层将会暴露出来；这时将煤块钻碎或炸碎，使用卡车将煤炭运往选煤厂做进一步处理。露天开采的方式可比地下开采的方式获得较大比率的煤矿，露天开采煤矿可以覆盖数平方公里的面积。世界约40%的煤矿生产使用露天开采方式。

按矿床分布情况，露天矿开采方法大体可以分为两类：平缓矿床的采矿方法和倾斜矿床的采矿方法。平缓矿床的采矿方法适用于倾角小于12°的平缓矿床，包括倒推采矿法、横运采矿法以及纵运采矿法，其中经济效果通常以倒推法最优，横运法次之，纵运法最差，但适用的剥离厚度则相反。倾斜矿床的开采基本是将剥离物运往外排土场，仅当采掘工作达到终了深度后，才能利用采空区内排。

（2）井工开采

根据不同的矿山地质及技术条件，井工开采方法可有多种多样，但总体上可以分为壁式体系采煤法和房柱式体系采煤法。其中壁式采煤法，回采工作面长度较长；工作面两端有可供运输、通风和行人的巷道；回采工作面向前推进时，必须不断支护；采空区要随工作面推进按一定方法及时处理；回采工作面内煤的运输方向与工作面煤壁平行。壁式采煤法有多种分类。

① 按煤层厚薄不同，薄及中厚煤层，通常按煤层全厚一次开采，称整层（单一）开采；厚煤层，一般分为若干中等厚度分层进行开采，称分层开采。

② 按工作面推进方向不同，可分为走向长壁采煤法和倾斜长壁采煤法。在分层开采中，由于分层的回采顺序和顶板管理方法不同，可分为下行垮落法和上行充填法等。在中国，开采倾斜和缓倾斜煤层时常用单一（整层）走向长壁采煤法、单一（整层）倾斜长壁采煤法、倾斜分层走向长壁下行垮落采煤法、倾斜分层倾斜长壁下行垮落采煤法、倾斜分层走向长壁上行充填采煤法、倾斜分层V形倾斜长壁充填采煤法和开采坚硬顶板煤层的刀柱采煤法等。开采急倾斜煤层时，有水平分层采煤法、倒台阶采煤法、仓储采煤法和掩护支架采煤法，这些都属于壁式采煤法。

柱式采煤法以短工作面采煤为主要标志，其实质是在煤层内开掘一系列宽为5~7m的煤房，开房时用短工作面向前推进，煤房间用联络巷相连以构成生产系统，并形成近似矩形的煤柱，煤柱宽度由数米至20m不等。该法有房式、房柱式和巷柱式三种：

① 房式采煤法，区段内每隔 3~6m 开采一个宽 6~15m 的煤房，条件好时，宽度可达 30~40m。煤房和煤柱的尺寸取决于围岩性质、煤质硬度、开采深度、煤层厚度和回采工艺方式。煤房的回采工艺有三种方式：用爆破法落煤，人工装煤、输送机或普通矿车运煤；机械掏槽和爆破落煤，用移动式装煤机装煤，梭式矿车或带转载机的输送机运煤；用连续采煤机采煤（完成落煤、装煤工序），房内运输用带转载机的可伸缩带式输送机或梭式矿车。

② 房柱式采煤法，回采工艺和煤房尺寸都与房式采煤法相同，仅煤柱尺寸稍大，一般取 6~12m，采完煤房后，将煤房两侧的部分或全部煤柱回采出来，顶板任其自行垮落。它与房式采煤法的主要区别是：房柱法先采煤房后采煤柱，房式采煤法只采煤房不采煤柱。

③ 巷柱式采煤法，在区段范围内，每隔 10~30m 沿煤层切割成 10~30m 的方形或矩形煤柱，然后按区段后退式开采顺序陆续回采。

第二节　煤矿开采中的力学问题

煤矿灾害事故预报和防治与人们对煤岩物理力学行为的认知水平密切相关。掘进与开采前煤岩体处于平衡状态，采矿工程活动打破了这种平衡，致使煤岩体产生变形、移动与破坏，而一切工程灾害事故都发生在这种力学过程中，因此采矿工程基础理论的本质是力学问题，这类力学问题又有其自身的特点，主要有：

采矿工程受力状况测量不准确。岩层内部的应力主要包括岩层自重与地质构造应力，除此之外还有水压力、温度应力和地震应力等，是一种自然力，尤其是地质构造应力是经过漫长的地质年代逐渐累积形成的，尽管我们可以探测和分析地壳内部形成的很多大大小小的构造行迹，但高效、准确测定原岩应力还有待进一步研究。

采矿工程处于卸荷力学状况。采矿工程的所有问题都是由于开挖造成的，开挖后在开采空间周围形成的卸载区往往是应力集中区，由开采空间向岩层深处才逐渐接近原岩应力区。因此采矿工程直接面对的是严重破坏区，由表向里才是弹塑性区和原始应力区。

采矿工程的力学问题大都是无限体问题。与一般力学研究的对象都是有限大小不同，矿井深度一般都在几百米甚至上千米的地下，在纵横向都是处于无限大的岩层体和断层节理的混合体中。

采矿工程面对复杂的环境。采矿工程在地下深部进行，由于环境、介质、瓦斯、水、火等因素的复杂性，又处于无限体中作业，现有的力学理论与方法很难直接采用，往往需要经验与科学的结合，因此采矿工程的分析计算处于定性向定量的过渡阶段。

采矿过程中常遇到力学问题可以归结为以下几类：

① 开采过程中的矿山压力问题；

② 开采沉陷的力学问题；

③ 巷道支护的力学问题；

④ 瓦斯灾害防治与瓦斯抽采中的力学问题，包括瓦斯爆炸、煤与瓦斯突出、瓦斯抽采等工程活动中的力学问题；

⑤ 冲击地压中的力学问题；

⑥ 边坡稳定性问题。

第三节　矿山压力理论中的力学模型

1. 矿山压力力学模型

地下矿岩开挖后，原岩应力场平衡状态遭到破坏，引起岩体应力的重新分布，致使巷道围岩及上覆岩层变形、移动及破坏，直到新的应力场达到平衡为止。这种由于地下开挖引起应力转移而形成的围岩和支护上的作用力称为矿山压力，它是地下煤矿开采最主要的力学问题。为此有的学者提出了采动岩体力学的概念，与一般的岩体力学有所不同，它更注重破断岩体结构及其破断以后的力学行为。

早期对矿山压力的研究一般都采用材料力学的基本原理。例如 1916 年德国的斯托克于提出的悬臂梁假说，认为工作面和采空区上方的顶板可视为梁，其一端嵌固于岩体中，另一端则处于悬伸状态，当工作面向前推进时，悬臂梁在上部岩层压力作用下一端弯曲下沉，当悬伸的长度达到一定值时，悬臂梁发生折断，成新的平衡状态，折断的尺寸可以用材料力学方法具体确定。这种悬臂梁随着工作面推进而周而复始折断的规律可以解释周期来压现象及来压步距；在嵌固端产生应力集中，可以解释工作面前方的支撑压力范围和大小。但该理论只注重上覆岩层所给予的压力大小，并不在乎上覆岩层的运动规律。

进入 20 世纪 50 年代，随着长壁工作面开采技术和上覆岩层运动观测手段的提高，人们对采场上覆岩层运动结构形式有了新的认识，于是出现了铰接岩块假说和预成裂隙假说。

铰接岩块假说由苏联库兹涅佐夫于 20 世纪 50 年代初提出，它把工作面上覆岩层分为垮落带和规则移动带。规则移动带岩块间通过一定作用力相互铰接成为一个多环节的铰接结构。从本质上说，铰接岩块假说把上覆岩层划分成若干组梁，但没有过多考虑梁与梁之间的相互作用力关系。此力学模型比较深入地揭示了采场上覆岩层的发展状况，在此力学模型下简单地给出了支架和围岩关系，指出支架有两种工作状态："给定荷载"和"给定变形"，从而为支架设计和上覆岩层的运动提供了理论依据。由铰接岩块假说推断的一些结论仍沿用至今。

受采动的影响，工作面上覆岩层将产生很多裂隙，其连续性遭到破坏，成为一种典型的非连续破断介质。为了求解这种破断岩石的非连续特征，比利时学者 A. 拉巴斯于 20 世纪 50 年代提出了预生裂隙假说。该假说认为工作面上覆岩层在支撑压力的作用下成为一组裂隙梁，这些裂隙梁可能发生类似塑性体的变形，从宏观上看是一种假塑性介质。把力学上很难处理的破断介质假设为连续塑性体是预生裂隙假说的一大贡献。当假塑性体处于一种彼此挤紧状态时，可以看成类似梁的平衡。在自重和支撑压力作用下发生的假塑性变形，当水平方向的挤压力一旦消失时，裂隙岩梁就会失稳塌落。该假说成功解释了支架显现的压力是裂隙梁沉降和平衡遭到破坏的结果。

我国学者钱鸣高院士和宋振骐院士在总结铰接岩块假说、预生裂隙假说和悬臂梁假说的基础上，结合上覆岩层移动规律的观测结果，于 20 世纪 70 年代末分别提出了岩体结构的砌体梁力学模型和传递岩梁模型。砌体梁假说认为在采场上覆岩层中由于采动作用，在规则移动带及其以上岩层内，已断裂的岩块相互咬合有可能形成外形如梁实则为拱的结构体，由于岩块排列如砌体，故称之为"砌体梁"。上覆岩层的砌体梁结构由"煤壁—支架—采空区的垮落矸石"共同支撑。砌体梁结构的平衡借助于块与块之间的摩擦力，当摩擦力小于块体间的剪切力时，工作面将引起滑落失稳，因此岩块结构的稳定条件为

$$T_i \tan(\varphi - \theta) > (R_i)_{0-0} \tag{5-1}$$

式中　T_i——岩块咬合时的水平推力，kN；

φ——岩块间的摩擦角，(°)；

θ——破断面与垂直面的夹角，(°)；

$(R_i)_{0-0}$——结构中岩块间的剪切力，MPa，其中第一个脚标表示岩层数，

第二个脚标表示同一个岩层中沿走向方向的岩块位置。

砌体梁力学模型提供了煤层开采后上覆岩层的结构，为采场给出了具体的上部边界条件，它的结构形态和平衡条件为计算采场矿山压力控制参数奠定了力学基础。利用老顶断裂与上覆岩层失稳的关系，可以推测老顶来压以及煤壁前方的"反弹"区和"压缩"区。

由于上覆岩层中各岩层厚度和力学性质等方面存在不同程度的差异，一些较为坚硬的厚煤层在采动岩体的变形和破坏中起主要控制作用，它们以某种力学结构支撑上部岩层，其彼断又直接影响采场矿压、岩层移动和地表沉陷。

宋振骐院士提出了以上覆岩层运动为中心，注重对煤壁前方支撑压力分布及煤体破坏情况的传递岩梁假说，该假说把矿山压力的显现作为一个动态的过程来分析，对岩梁的运动和断裂过程对采场矿山压力的显现关系作出了解释，总结出"限定变形"和"给定变形"两种支架工作方式。该模型经过现场观测和生产实践的验证逐渐得到了公认，对我国煤矿采场矿压理论研究和指导生产实践都起到了重要作用。

除上述力学模型外，还有邹喜正教授等提出的复合压力拱模型，古全忠等提出的"拱—梁"结构模型，以及钱鸣高院士团队将矿山压力、岩层移动以及地表沉陷相结合提出的岩层控制理论。

2. 综放开采力学模型

综放开采是煤矿实现厚煤层高产、高效、安全生产的主要途径，它是利用支撑压力对顶煤进行有效压裂，并依靠重力作用放落顶煤，因此支撑压力对顶煤的压裂过程是综放开采的关键，支撑压力分布及变化规律是综放开采研究的基本力学问题。顶煤在支撑压力作用下的压裂过程实质是静压破煤过程，综放开采过程中顶梁的升降相当于对顶煤的循环加卸载过程。谢和平院士团队通过分析得出支撑压力的形成是上覆岩层的运动造成顶煤的变形，进而形成的，它从弹性变形逐渐进入破坏断裂，基于此提出了用以研究上覆岩层变形和破坏过程的简单损伤力学模型，并推导了煤体中的支撑压力：

$$\sigma_1 = \frac{1}{2}\sigma_3 + E\left(\frac{ax^b}{h} + \varepsilon'\right)\exp\left[-\left(\frac{ax^b/h + \varepsilon' - \sigma_3/2E}{\varepsilon_0}\right)\right] \qquad (5-2)$$

式中　σ_1——支撑应力，MPa；

　　　σ_3——煤岩的围压，相当于水平应力，MPa；

　　　E——直接顶和顶煤的弹性模量；

　　　h——直接顶和顶煤的弹性模量和厚度，m；

　　　ε'——原始应力状态下原岩变形。

第四节　开采沉陷中的力学问题

地下采矿、开挖隧道、油气资源开采甚至地下水资源过度使用等，均会导致不同程度的地表沉陷，从而造成地表建筑物、公路、铁路、农田等的损害。人们最初是从几何角度开始认识开采沉陷的，具有代表性的是 Gonot 以实测资料为基础提出的"法线理论"，认为采空区上下边界开采影响范围可用相应点的层面法线确定。另外还有"垂线理论""二等分线理论""自然斜面理论""拱形理论"等。这些理论主要是从现象来认识开采沉陷，而未从力学角度来研究沉陷机理。随着科学技术的发展和生产的需要，人们开始从力学的角度定量地研究开采沉陷，分析开采沉陷力学机理，大致可分为连续介质和非连续介质两个方面。

在连续介质力学框架内，国内外一些学者对开采沉陷理论进行了研究分析。苏联学者阿维尔申基于塑性理论对开采沉陷进行了细致的理论研究，并结合经验方法建立了地表下沉盆地剖面方程，提出了地表水平移动与地表倾斜成正比的著名观点。波兰学者萨武斯托维奇基于弹性基础梁理论得出了波动性下沉剖面方程。20 世纪 60 年代初，英国学者贝里和赛勒斯将岩体视为均质弹性体，分为平面各向同性、横观各向同性、空间问题三类和采区边界条件不闭合、部分闭合、全闭合三种状态，提出计算岩体下沉的方法。以外，萨拉蒙提出了面元原理，波兰学者李特维尼申提出了开采沉陷的随机介质理论。

20 世纪 60 年代由我国学者刘宝深、廖国华在随机介质理论基础上发展了开采沉陷预计方法——概率积分法。何国清等从随机观点研究碎块体移动规律，得出用威布尔分布形式表征下沉盆地。李增琪采用 Fourier 变换推出了岩层与地表移动表达式。郝庆旺提出了采动岩体沉陷的空隙扩散模型。杨硕提出了开采沉陷的力学预测模式。邹友峰、马伟民提出条带开采沉陷预计的二维层状介质理论。赵晓东等将采动覆岩视为复合层板，基于弹性理论、系统方法和关态空间推导了各个层板的状态空间与方程。王悦汉等将覆岩移动分为四个时段，并分别给出了岩移模型的微分方程，阐述了一种采动岩体动态力学模型。郝延锦等将冒落带以上岩层视为弹性薄板，推导得到了下沉盆地的方程，并指出了其适用条件为极不充分开采到近充分开采。郭庆彪、郭广礼等分别采用 Winkler 和 Vlazov 弹性地基梁模型，给出了固体密实充填条件下基本顶弯曲下沉方程，并以此为边界，在等价采高原理的基础上，给出了一种固体密实充填开采沉陷预测方法。左建平等采用固支梁、悬臂梁模型研究了深部基岩的倒漏斗状破断机理，并基于随机介质理论分析了厚松散层的漏斗状沉陷机理，随后又从 Hoek-Brown 和 Mohr 强度理论的角度进行了解释。

由于实际岩层中存在大量节理断层，基于非连续介质理论的开采沉陷学逐渐得到了发展。邓喀中根据岩层中节理剪切破坏和受拉破坏的特点，结合断裂力学推导出了节理岩体的损伤张量，研究了下沉系数、水平移动系数与节理迹长、倾角之间的关系。谢和平、于广明根据损伤力学的相关知识定性研究了岩石内部节理的存在对岩体滑动的影响，断层作为较大的节理，其研究对断层活化的影响也具有一定的指导意义。戴华阳研究发现岩体内弱面通过其软弱介质能够释放大量的采动竖向应力和剪应力，从而导致地表在弱面处发生非连续变形。吕泰和应用岩体力学稳定性理论分析了开采急倾斜煤层时，断层上盘岩体由于采空区岩体的阻碍作用不可能发生急剧性滑动，并给出了安全煤柱留设方法和高度的计算公式。

第五节　巷道支护中的力学问题

巷道掘进后围岩应力将出现重新分布，引起围岩变形、移动与垮落，而巷道支护的作用是阻止围岩的变形、移动，维护作业空间围岩的稳定性。因此如何设计合理的支护方式与确定合理的支护阻力是研究人员和工程师们长期关注的课题，其中支架载荷的确定显得尤为重要，而巷道支护载荷确定的依据来源于对围岩应力规律的认识。

在研究初期，人们根据地面承载体的直观概念，认为支护理论也无非是由载荷决定支护体强度。最早的巷道地压是根据弹性力学中二向等压下无限大平板圆孔周边的弹性应力解来确定的，但该模型过于简单，人们一方面在弹性力学中寻求复杂边界（如矩形巷道、拱形巷道、半圆形巷道等）应力解析解的同时，另一方面又发展了圆形巷道的弹塑性解析解，以及考虑围岩流变效应的黏弹性、黏弹塑性等本构关系的围岩应力解析解，并逐渐发展成为一种以固体力学为基础、考虑岩层固有条件的围岩应力分析方法。

但这种纯解析方法受到很多条件的限制，如只能考虑简单的巷道形状、计算结果过于复杂不便使用等。

随后人们在工程实践中发现巷道周围的围岩几乎不可避免地将发生破坏，而阻止围岩的破坏是不可能的，因此人们针对巷道围岩破坏区的形状与范围提出了各种不同的假说，并由此发展成一系列在现场实践中简便的巷道地压计算方法，影响较大的有普氏公式、太沙基公式、卡氏公式等。以此为基础发展起来的巷道支护方式特别强调高强度刚性支护，以为刚度越高支护效果越好，但实际效果却出乎人们的预料，往往是巷道支护被严重破坏，不能有效抵抗巷道变形与压力。直至1964年Rabcewicz根据隧道施工工程经验总结出新奥法，这一问题才大大得到了改善。

20世纪80年代以来我国广泛推广使用锚喷支护同样是与围岩力学特性的认识密切相关的。人们对巷道围岩力学特性的认识使巷道支护逐渐由单纯凭借经验向立足于科学实践逐渐过渡，大量专家学者以岩石力学特征为基础，从围岩支护力学机理的角度出发，先后提出了松动圈理论、耦合支护思路、主次承载区协调作用理论、围岩强度强化理论等，不仅进一步揭示了围岩支护的力学机理，更丰富了巷道支护理论。

第六节　瓦斯灾害防治与瓦斯抽采中的力学问题

瓦斯，亦被称作煤层气，是煤炭形成过程中的伴生产物，主要以吸附态和游离态的形式赋存在煤基质中，即是一种清洁能源，也是煤矿开采中的危险气体。煤与瓦斯突出、瓦斯爆炸等矿井灾害时有发生，造成了巨大的人员伤亡和财产损失。

未受到外力作用的煤层中的瓦斯大部分以吸附态的形式赋存在煤基质的微空隙中，少量的以游离态的形式赋存在煤基质的裂隙中，并处于吸附态、游离态相互转化的动态平衡状态。在煤矿开采过程中，受开采的影响，煤层原有的应力平衡状态被打破，赋存在煤层中的瓦斯在地应力、瓦斯压力等综合作用下，煤岩和瓦斯气体突然从工作面猛烈喷出，这就是煤与瓦斯突出。当井下空气中的瓦斯浓度达到一定值后，与空气中的氧气在高温作用下会发生激烈的氧化反应，并释放出大量热量形成持续高温源，这就是井下瓦斯爆炸。在煤矿开采过程中，为了避免含瓦斯矿井发生瓦斯灾害事故，通常在采煤之前先将井下的瓦斯抽采出来，并加以利用，一方面可以降低煤层中的瓦斯压力，另一方面将瓦斯作为能源加以利用，同时减少了瓦斯释放到空气中对大气环境的污染。

无论是煤与瓦斯突出、瓦斯爆炸这类矿井瓦斯灾害现象，还是瓦斯抽采利用，其问题的基础都可归结为煤体与瓦斯间的流固耦合问题，主要包括流固耦合作用下瓦斯在煤层中的流动规律和流固耦合作用下煤体的变形与破坏规律。

煤层气瓦斯流动规律是探究各类瓦斯灾害现象发生机理、瓦斯(煤层气)高效抽采的理论基础。无论是瓦斯灾害还是瓦斯抽采，都需在外界的作用下打破原始的平衡状态，吸附态煤层气解吸为游离态，再经扩散、渗流运移煤基质。瓦斯由吸附态解吸为游离态发生在煤基质孔隙表面，游离态的气体经扩散从煤基质孔隙运移到煤基质裂隙中，经渗流作用从煤基质裂隙系统中运移出煤体，整个运移过程都与煤体的孔隙度有关。瓦斯气体运移过程中一方面引起煤基质的变形，另一方面受煤基质变形的影响，运移状态也会受到影响。关于煤与瓦斯之间的流固耦合作用已有大量学者开展了相关研究。

早在 20 世纪 80 年代，Harpalani、Durucan 等人通过实验发现应力会影响煤样的渗透率，到 90 年代初应力与渗透率之间的定量关系式被建立：

$$K = Ae^{-B\sigma_z} \tag{5-3}$$

式中 σ_z——煤体所受的垂直应力，对应于采煤工作面即为支撑压力。

煤体的弹性模量 E 与流体孔隙压力 p 存在如下关系：

$$E = ae^{-bp} \tag{5-4}$$

关于煤与瓦斯的耦合作用机理，现已开展了大量研究，得到了一些结论。国内外学者普遍认为随着孔隙压力的增加，渗透率有先减小后增加的规律，且吸附变形和应力变形对渗透率有重要影响，并通过实验研究和理论分析，构建了多种形式的瓦斯流动过程流固耦合模型。例如，傅学海构建的有效应力、煤基质收缩与煤储层渗透率之间的耦合数学模型；赵阳升根据固体变形和渗流的理论，通过修正有效应力原理，构建的煤体-瓦斯耦合数学数值模型；梁冰建立的考虑应力场塑性变形与有效应力渗透率模型；吴世跃基于煤体孔隙-裂隙双重介质模型，建立了考虑煤吸附膨胀变形和膨胀应力的瓦斯在煤层中的扩散-渗流理论；朱万成基于 Klinkenberg 效应与瓦斯吸附解吸变形建立的流固耦合模型；杨天鸿结合损伤弹性力学，建立损伤和渗透率的关系，进而建立的渗流-应力-损伤耦合数学模型，等等。

到目前，瓦斯运移过程中与煤体之间关系的研究，已从简单的流、固两场耦合，发展到了包括地应力场力场、地温场、地磁场和地电场等多场在内的多场耦合理论研究。例如，梁冰等考虑温度对瓦斯吸附、解吸影响，建立了考虑温度效应的煤与瓦斯耦合作用的数值模型；王宏图等根据煤层在地应力场、地温场和地电场中的渗流特性，确定煤层瓦斯渗透率与有效应力、低温和地电磁场之间的关系，建立了地球物理场中的煤层渗流方程；易俊和姜永东等在考虑声场对热平衡及应力平衡等影响入手，建立了声场作用下应力–温度–渗流场耦合下的瓦斯流动数学模型。

通过研究不同条件下的煤与瓦斯之间的耦合作用机理，对于揭示煤与瓦斯突出机理、瓦斯爆炸机理具有重要的理论支撑作用；可以有效指导瓦斯预抽钻孔布置；对于煤层气(瓦斯)地面井抽采方案的制定具有重要作用。

第七节　冲击地压中的力学问题

冲击地压是高地应力条件下地下工程开挖过程中，因围岩开挖卸荷导致储存在岩体中的弹性应变能突然释放，因而产生爆裂松脱、剥落、弹射甚至炮制的一种动力失稳地质灾害。冲击地压发生时，破碎岩石从坑洞壁弹射或大量岩石崩出，产生强烈的气浪或冲击波，严重的可摧毁整个作业面乃至整个洞室，对矿山安全开采造成极大的危害。自 1738 年英国南史塔夫煤田第一次有冲击地压记录以来，随着开采深度的不断增加，冲击地压问题显得日益突出，它不仅发生在煤矿、金属矿和非金属矿的地下巷道和工作面等工程活动频繁的区域，而且在一些露天矿和隧道中也有冲击地压发生，冲击地压已成为世界采矿业和岩土工程界亟待解决的岩石力学问题。

从本质上说，冲击地压是一个非平衡条件下岩石非线性失稳破裂的力学过程，既然冲击地压是一个力学过程，那么对冲击地压机理的认识和防治与岩石力学的发展密切相关。各类冲击地压的最终表现形式都十分相似，但由于应力环境、采动影响、岩体力学性质及扰动特征的复杂性，造成冲击地压产生的成因及机理尚不十分明确。

对冲击地压力学机理研究最早始于南非。早期人们对冲击地压的认识是从传统的强度观点出发，把冲击地压当作一种纯粹的岩石破坏，认为当采矿活动引起的应力集中达到岩体的极限强度时，岩体发生突然破坏形成冲击地压。随后布莱克根据刚性材料实验机得出的启示，于 1972 年提出了冲击地压的刚度理论。1983 年以来，很多学者把冲击地压视为力学的失稳现象进行研究。从岩石的破坏机理出发，提出了冲击地压的失稳理论。认为在采动影响下采场周边容易产生应力集中，使采场周边部分应力达到岩石极限强度，其抵抗荷载的能力随变形的增加而降低，进入应变软化阶段。而其余周围岩体仍处于应变硬化阶段，这样原来岩石力学系统就变成由两部分不同力学性质介质组成的新系统。当系统处于非稳定状态时，在外界扰动因素作用下将发生失稳破坏。当失稳过程中系统释放的能量大于消耗的能量时，多余的能量转化为动能而引起冲击地压。从岩石破裂的角度看，进入极限强度后岩石开始产生宏观裂隙，当系统处于非稳定状态时，宏观裂隙将发生失稳扩展，若释放的能量大于所消耗的能量时，将发生冲击地压。

随着认识问题的深入，人们发现研究冲击地压只注重研究其单一判据是远远不够的，更要研究冲击地压形成过程及发生机理。潘一山等根据稳定性理论，提出了洞室冲击地压发生的扰动响应判别准则，得到了发生冲击地压的洞室临界塑性区深度及临界作用应力，同时指出岩石弹性模量 E 和峰值后降模量 λ 之比 E/λ 是决定洞室稳定性的重要参数。

目前对岩石力学性质的研究已深入到细观领域，利用先进的观测手段如声发射、地质层析 X 射线成像法、扫描电镜、工业 CT 等研究冲击地压发生过程已成为可能。杨健等在单向和三向应力状态下对岩石进行声发射测试，总结出了不同岩性岩石在不同应力状态下的冲击地压发生特征；张渊等对长石细砂岩的热破裂声发射现象进行了研究；刘建辉等应用电磁辐射法现场测试了冲击地压发生时的电磁辐射强度。国内外大量研究表明，煤岩材料在压缩破裂过程中有自由电荷产生，且煤岩拉伸失稳破坏过程中拉应力造成裂纹扩展进而导致损伤局部化是电荷信号异常的重要原因之一。

随着岩石力学性质研究的不断深入，在现场实时观测微破裂演化成宏观冲击地压的发生、发展过程，建立合理的力学模型，反演冲击地压的发生过程，最终获得冲击地压的前兆信息及其防治措施。

第八节　边坡稳定理论

露天煤矿边坡稳定是生产工作安全有序推进的基础，露天矿勘察、设计、建设、生产、闭坑全过程应贯穿边坡稳定研究工作。我国分布着非常多的露天矿山，尤其是在内蒙古地区，既有开采深度较浅的露天煤矿，也有开采深度较大的金属露天矿山，在这些露天矿当中边坡稳定性都有或大或小的问题。影响露天矿经济效果的因素很多，如地质条件、矿石品位、开采成本及金属价格等，但是边坡状态好坏直接影响到矿山的经济效果。对于露天矿产的开采工作，在原址上会出现深凹形，边坡十分陡峭，因此其内部不够稳定，岩性不均，存在裂缝发育。上部已形成的台阶受到开挖卸荷及现场施工等影响，会出现滑坡、崩塌、局部塌落等灾害，直接影响工地职员人身安全，极易造成巨大经济损失。露天矿边坡稳定的影响因素是复杂的，其失稳破坏本身也是一种复杂的地质过程，在边坡内部由于其结构复杂多变且构成边坡的岩石物理力学性质各不相同，使得边坡破坏具有多种形式。厘清边坡失稳机理对于露天矿的安全生产至关重要。

边坡稳定性的研究由来已久，距今已有100多年的发展历程。早期边坡研究仅以土体为研究对象，方法多采用材料力学和简单均质弹性、弹塑性理论为基础的半经验、半理论性质的研究方法。由于力学机理和假设上的某些不合理，往往导致计算结果与实际情况相差较大。20世纪60年代后的经济发展给理论研究提供了物质基础，以弹性理论为基础和改进的极限平衡法应运而生。有限元在边坡稳定性问题中的应用，为定量评价边坡稳定带来新的活力。随后，以数值分析、概率论为基础的可靠度方法等也逐渐引入边坡稳定研究中来。80年代后，随着计算机技术的日益成熟，各种复杂的数值计算方法也广泛应用于边坡研究。到目前为止，边坡稳定研究基本形成比较完善的理论体系。

边坡稳定性研究大约经历三个阶段：①定性研究阶段，从20世纪初至50年代，边坡稳定性评价几乎属于土力学范畴，其分析计算建立在刚体极限平衡基础上。②边坡分析理论和计算方法发展阶段，20世纪60~70年代，边坡稳定性研究进入力学机制和内部作用机理研究阶段，在边坡稳定性分析计算方面，基本采用两种途径进行：一种是以刚体极限平衡理论为基础，考虑岩体结构面的控制作用，利用数学分析法或图解法，最后求得安全系数或类似于安全系数的概念来进行定量评价；另一种途径是以有限元法、边界元法或离散原法计算边坡内部的变形特征和应力状态，给出直观形象的评价结果。③边坡分析理论和计算方法的成熟阶段，80年代以来，应用计算机研究边坡稳定性的理论和方法更加成熟，可以定量或半定量地模拟边坡开挖至破坏的全过程。一些新的理论方法如：系统理论方法、模糊数学、灰色理论和数量化理论等被引入边坡稳定性研究领域，为定量评价和预测边坡稳定性开辟了更为广阔的前景，边坡稳定性研究已步入系统工程分析的研究阶段。

第六章 力学与机械

力学是一门非常古老的学科。人类一直在不自觉地应用许多的力学知识为人类的生存服务。人类的生产活动离不开机械设备，机械设备又总称为机械。力学在机械中的广泛应用，使得机械更好地服务于社会，服务于环境的建设。

第一节 力学与机械的不解之缘

现有力学在机械中的应用是以力学理论为主要支撑的应用平台，重点通过力学理论体系来进行指导机械性能的提高。在机械设计过程中多采用力学在机械中的深入应用来提高机械的综合性能。力学性能可以在很大程度上改善机械的各方面性能，甚至会使一个机械产品的机械性能实现质的飞越，使各项性能达到更高的层次。同时，力学也是在对机器各方面进行研究的过程中发展起来的。力学的发展使机器的设计得到理论支撑，从而使机器结构更简单，材料得到充分利用，并不断改善机器性能。

各种机械都由多个零部件组成，例如：起重机是由吊索、卷筒、机架、滑轮等组成的；汽车是由发动机、车身、车轮、传动轴、变速箱、方向盘等组成的。当机械工作的时候，其组成部分（构件）都要受到力（载荷）的作用，例如：机床加工工件时要受到切削阻力的作用，传动轴要受到转矩的作用。构件的受力情况直接影响机器的工作能力。因此，对构件进行受力分析是设计或使用机器时最基本，也是最重要的工作之一。

在载荷的作用下，构件可能处于相对静止或匀速直线运动的状态，即平衡状态。构件也可能处于非平衡状态，同时构件会产生变形。构件是由材料做成，若载荷超过材料的承载能力，就会使构件产生过大的变形或断裂破坏。例如：飞机发动机中的涡轮轮盘发生断裂，就有可能发生机毁人亡的重大恶性事故；如果汽车设计或生产中存在质量问题，会导致发生交通事故；翻斗车液压机构中的顶杆，如果承受的压力过大，或者杆本身过于细长，有可能发生突然弯曲，造成事故。这就必须对构件的强度、刚度和稳定性进行分析和设计。

为了保证机械安全、可靠地工作，要求任何一个构件都具有足够的承载能力。此外，对机械中的运动部件，还需进行运动分析和动力分析。因此，构件在载荷作用下的运动和平衡规律，构件的承载能力是机械工程中经常遇到的力学问题。

第二节　机械中的力学问题

1. 摩擦力与机械

摩擦在实际应用上扮演很重要的角色，有很多机器及工程程序等需要将摩擦力的减速效能予以降低，如轴承的转动、流体通过管道、齿轮传动，火箭通过大气层等。摩擦有时被利用，如刹车闸、离合器、皮带转动、楔等。

楔是具有三角形形状的斜面，若将楔嵌入物体的裂缝，使物体膨胀，减少与被固定和衔接物体的缝隙，增加摩擦力。如图 6-1 所示。

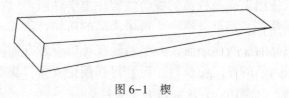

图 6-1　楔

楔工作原理过程分析如图 6-2 所示。

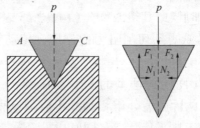

图 6-2　楔工作原理分析

楔压入时：

$$F_1 = N_1 \tan(\phi + \alpha_1)$$
$$F_2 = N_2 \tan(\phi + \alpha_2)$$

式中 ϕ——摩擦角，（°）。

$$\sum F_x = N_1 - N_2 = 0 \quad N_1 = N_2$$

$$\sum F_y = F_1 + F_2 - p = 0 \quad p = F_1 + F_2$$

$$p = N_1 \tan(\phi + \alpha_1) + N_2 \tan(\phi + \alpha_2) = N_1 [\tan(\phi + \alpha_1) + \tan(\phi + \alpha_2)]$$

如果楔为等腰三角形，则 $\alpha_1 = \alpha_2$

$$p = 2N_1 \tan(\phi + \alpha_1)$$

如果楔为直角三角形，$\alpha_1 = 0$ 或 $\alpha_2 = 0$，令 $\alpha_2 = 0$，则

$$p = N_1 [\tan(\phi + \alpha_1) + \tan\phi]$$

楔取出时：

$$F_1 = N_1 \tan(\phi - \alpha_1)$$
$$F_2 = N_2 \tan(\phi - \alpha_2)$$

由 $\sum F_x = 0$ 及 $\sum F_y = 0$

$$p = N_1 [\tan(\phi - \alpha_1) + \tan(\phi - \alpha_2)]$$

如果楔为等腰三角形，则 $\alpha_1 = \alpha_2$

$$p = 2N_1 \tan(\phi - \alpha_1)$$

如果楔为直角三角形，$\alpha_1 = 0$ 或 $\alpha_2 = 0$，令 $\alpha_2 = 0$，则

$$p = N_1 [\tan(\phi - \alpha_1) + \tan\phi]$$

如果 $p = 0$，则

$$p = N_1 [\tan(\phi - \alpha_1) + \tan(\phi - \alpha_2)] = 0$$

$$N_1 \neq 0$$

$$\tan(\phi - \alpha_1) + \tan(\phi - \alpha_2) = 0$$

则

$$\phi = \frac{\alpha_1 + \alpha_2}{2}$$

其意义为 $p = 0$ 时，即楔顶角一半等于摩擦角；$p < 0$ 时，楔顶角一半大于摩擦角。所以，$p \leq 0$ 时，楔不需加力，即可自然拔出。

2. 动力学与机械

任何一台完整的机器都包括三个基本的组成部分：动力装置、传动装置和工作装置。

动力装置实质上是一个换能装置。它将其他形式的能量(电能、热能、化学能等)以一定的方式转换成机械能。例如，发动机的机械能通常以曲轴输出的扭矩和转速体现出来。

传动装置的作用是将动力装置的机械能传递给工作装置，并且使工作装置具有一定的力参数(力、扭矩等)和运动参数(位移、速度和加速度等)，以适应机器工作过程的要求。同时，传动装置还使得动力装置和工作装置之间具有一定的空间，便于工作装置进行工作和操纵-控制系统的布置。

　　工作装置直接用来完成预定的工艺过程(如挖掘土壤、搅拌混凝土，开凿岩石以及起升重物等)。

　　对机械来说，还有一些辅助装置。例如操纵-控制系统、走行装置等。可以利用这些装置来控制机器的动作，变动机器的位置等。在一定的条件下，这些装置的性能对机器的工作效果和运转性能也会产生很大的影响。例如，当操纵-控制系统设计得不合理或者调整不当时，就会在传动装置中引起很大的动力载荷，甚至造成机械损坏和事故。

　　将机器看作由上述各个部分所组成的一个复杂的系统时，研究各个组成部分之间的相互作用特点及其变化规律的问题显得十分重要。因为一个系统各个组成部分-子系统之间性能的正确匹配对充分发挥整个系统-机器的效能具有重要意义。

　　将机器看作一个系统时，研究该系统和外界环境之间的相互作用也是十分重要的。例如，推土机的工作能力不仅和铲刀与被它切削的土壤之间相互作用的特性有关，而且还和推土机行走装置和地面之间相互作用的特性有关系。当附着力不够时，即使推土机的发动机具有很大的功率，仍旧不能产生足够的牵引力来推动铲刀进行工作。同样，当铲刀设计得不完善或者安装角度不符合土壤性能的要求时，推土机的牵引力也不能得到有效的利用。

　　机器要进行工作就必须运动。在机器起动时首先要克服机器上各个运动构件的惯性，即使机器在稳定运转时，有些构件中仍然会因运行状态的变化而产生加速度，这时就会有附加的惯性力。发动机必须能够克服这些惯性力。有时惯性力还会引起不利于机器正常工作的"晃动"和"振动"。

　　此外，机器的构件总是有一定弹性的。因此当有变化的力或扭矩作用在构件上时就会引起振动。振动使机器的构件承受附加的交变应力，使它产生疲劳损坏，并且还影响机器运转的平稳性。

　　但在有些机器上则是要利用这些振动来进行工作。例如振动压路机和建设铁路用的道砟捣固机等。在这种情况下必须对机器其余部分进行隔离，使振动的作用有效地传递给加工对象。

　　实践表明，机器工作时的振动和噪声还会使操纵人员迅速疲劳，这也会影响机器效能的发挥。在严重时还会引起错误的操作和肇事事故。此外，振动和噪声还会对操纵人员的健康造成不良的后果。

许多工程机械要在越野条件下行驶和工作。因此，它的工作能力和它与地面之间的相互作用——牵引力的产生及发挥有很大关系。工程机械在越野条件下行驶时，由于受到地面对它的随机性外力干扰，又产生了所谓行驶的平稳性问题。

因此，工作装置的特性曲线通常也用力学参数和运动参数间的函数关系来表示。它和机器所要完成的工艺过程特点及所加工对象的特性有关。在一般情况下，例如：起重机的起升机构，力学参数是常数；离心泵、通风机等，力学参数是速度的函数；推土机和铲运机，力学参数是位移函数；高速度的皮带输送机，力学参数是位移和速度的函数；碎石机、球磨机等，力学参数是时间的函数。

每一台机器都可以看成是一个用各种分布参数和集中参数表征的复杂力学系统。这些参数是用来描述机器构件物理特性和对机器构件的运动产生影响的物理量。例如，构件的质量、转动惯量、弹性（刚度）、运动副中的摩擦力、驱动力和工作阻力等。

图 6-3（a）为机械式单斗挖掘机的起升机构示意图。发动机通过传动装置驱动绞车的卷筒，而卷筒通过钢丝绳将挖斗提升。当研究钢丝绳中的载荷时，可以将它简化为图 6-3（b）所示的计算简图。由图可见这个系统实际上就是一个单自由度的有阻尼振动系统。m_D 为换算质量（包括顶部滑轮和挖斗及部分斗柄在内得换算质量），k_D 为钢丝绳的换算刚度系数，F_{ZD} 为系统中阻尼力的换算值。

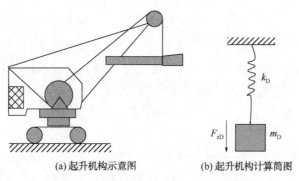

(a) 起升机构示意图　　(b) 起升机构计算简图

图 6-3　机械式单斗挖掘机的起升机构

质量（转动惯量）和刚度在整个系统的运动状态发生变化时体现为动能（对质量而言）和势能（对刚度而言）的变化；而作用力（包括阻力）和力矩体现为做功（正功或负功）的大小。

实际的机械系统根据其运动的形式可以分成三类：直线运动、旋转运动以及直线运动和旋转运动同时存在的复合运动。

图6-4为由电动机驱动的起升机构。载重为Q，减速器的速比为i，传动效率为η。

图6-5为滑块曲柄机构，这种机构通常用于内燃机上构成活塞–连杆–曲柄系统。气缸中燃气的压力压迫活塞，通过连杆传递给曲柄。

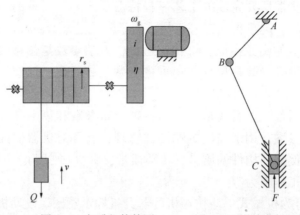

图6-4　起升机构简图　　图6-5　滑块曲柄机构

在工程机械的动力学研究中，有些构件由于在工作中变形较大并不能看成是刚体，而必须考虑其弹性。例如，钢丝绳、弹性联轴节、细长的传动轴以及斗柄、支架等一些细长的结构件。

弹性构件的存在使得机构的运动确定性（准确度）受到一定的影响，而更重要的是当有变化的力或扭矩作用在这些构件上面时就会引起弹性振动。从另一方面看，弹性构件在某种情况下又有吸收冲击和振动的缓冲作用。振动使构件承受变化的动力载荷，而缓冲作用却又能使动力载荷减轻。

构件的弹性通常用它的刚度系数k来表征。将使构件产生单位变形所需的作用力（或扭矩）数值，定义为构件的刚度系数。

（1）振动

工程上许多机械设备，如精密机床，往往被固定在较重的混凝土基础之上，在基础与地面之间铺设一层弹性阻尼衬垫，以隔绝外界振动的干扰，如图6-6所示。

当汽车在公路上行驶时，我们感觉是否舒服的一个重要指标是振动的大小。一辆汽车可能有的振源包括：发动机非均匀运动或发动机与车体的共振；路面不平，地面对车轮的作用。

对于第一个问题，就是尽力消除这类振动，解决方案有两种：一是提高发动机运转的平稳性；二是检测车体的共振频率，调整发动机运转，避开共振区。

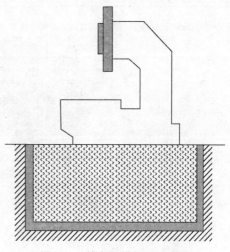

图 6-6　精密机械的阻尼隔振

车体共振频率检测是振动工程中一项重要的技术，它是应用已知激励与响应来获得系统特性，称之为系统识别，如图 6-7 所示。

在工程中，激励通常由一个激振器的振源产生，一般它产生振动的频率是可调节的。在系统的某些敏感部位，安装位移或加速度传感器能检测并观察这些地方的振动情况。应用这个方法，可找出车体的各种固有频率，找到车体不同部位的振动情况，经综合分析后，最终选择一组最佳设计参数。由于计算机的发展，这部分也可在设计前由计算机计算出各种共振频率，称为模态分析。

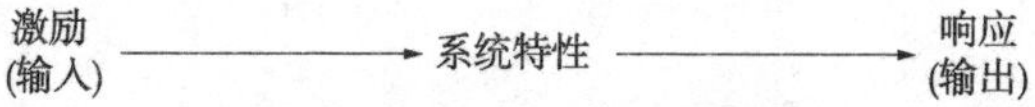

激励
(输入)　───────→　系统特性　───────→　响应
(输出)

图 6-7　系统的输入和输出

对于第二个问题，只要车在不平坦的道路上行驶，这种振动就难以避免，因此只能采用隔振，即让道路上的振动尽量不要传到车体上来，使车身的运动幅度最小，并尽量避开一些人体敏感的频率，这就需要建立相应的模型并采用相应的方法，现在采用的常规手段是选择合适的隔振弹簧与阻尼器。

（2）离心力

一物体做圆周运动时，因其速度、方向时时改变，而产生加速度，其方向恒指向圆心，称为方向加速度或向心加速度，产生此加速度的力称为向心力。圆周运动物体由于向心加速度产生的惯性力，称为离心力，有使物体飞出的趋势。如洗衣机的脱水槽是利用离心力使水向外脱出，而车辆转弯时必须有向心力。当处于水平面时，向心力取自轮缘与路面之间的摩擦或运动物体自行倾斜后产生的向心力。路面倾斜时，如外轨超高问题，列车在半径为 R 的弯道上绕行时，需将车轨作一斜角，使车重与轨面给车体的力合成为一个向心力，与因转弯而产生的离心力平衡，如图 6-8 所示。

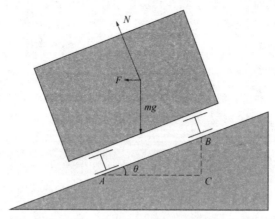

图 6-8　列车在倾斜轨道上

θ 为路基与水平面之间的角度；V 为列车行驶速度。由受力分析图可知：

$$\tan\theta = \frac{F}{mg}$$

$$而\ F(向心力) = m\frac{V^2}{R}$$

式中　R——转弯半径。

$$\tan\theta = \frac{m\dfrac{V^2}{R}}{mg} = \frac{V^2}{Rg}$$

则

$$\theta = \arctan\frac{V^2}{Rg}$$

$$\tan\theta = \frac{BC}{AC}$$

式中　AB——轨距；

　　　BC——超高。

因为 θ 很小，所以，$AC \approx AB$。

$$\tan\theta = \frac{BC}{AC} = \frac{BC}{AB} = \frac{V^2}{Rg}$$

则

$$BC = \frac{V^2}{Rg}AB$$

即，超高等于 $\dfrac{V^2}{Rg}$ 与轨距的乘积。

（3）机械效率

在各种机械中，由于构件之间的摩擦、撞击、噪声、发光等因素，使输入机械的能量，有一部分用于输出做功，而其他部分在功能转换时，变为了热、声、光等能量，此种能量对机械输出的功是无用功，称为能量损失。此种损失在任何机械中均无法避免，但我们却一直在努力，希望此种能量损失减至最小。

机械的好坏，虽然以其损失能量的越少越佳，但只看能量损失多少，并不能说明机械的优劣，而应视其能量损失率而定。一般而言，我们均以机械效率说明机械的性能。即

$$机械效率 = \frac{输出功}{输入功} \times 100\% = \frac{输出功率}{输入功率} \times 100\%$$

3. 机械零部件的承载能力

机器机构的零部件统称为构件，构件受到外力作用时要产生变形，同时，构件内部相连两部分间的相互作用力将产生改变，这种改变称为内力。内力的大小及其在构件内的分布方式与构件的强度、刚度、稳定性问题密切相关。

工程上经常遇到承受拉伸或压缩的构件，如图 6-9（a）所示起重机吊架中的拉杆 AB（拉伸）、BC 杆（压缩），如图 6-9（b）所示的内燃机连杆（压缩）。作用于杆件上的外力使杆件沿轴向产生伸长或缩短变形。

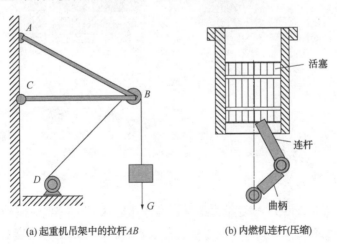

(a) 起重机吊架中的拉杆AB   (b) 内燃机连杆(压缩)

图 6-9　拉伸或压缩构件

在工程实际中，有很多构件是受扭转作用而传递动力的，如图 6-10（a）所示的汽车转向轴和如图 6-10（b）所示传动系统的传动轴 AB。工作时，轴的两端受到转向相反的一对力偶作用而产生扭转变形，轴上任意两横截面皆绕

轴线产生相对转动。像钻头、丝锥、钥匙、螺钉旋具和各种传动轴等都是类似情况。

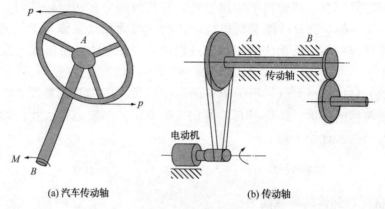

(a) 汽车传动轴   (b) 传动轴

图 6-10 扭转的构件

在工程中，经常会遇到像刀具、轧辊和火车轴这样的直杆类构件，如图 6-11 所示。作用于杆件上的外力垂直于杆件的轴线，使杆的轴线变形后成为曲线，这种形式的变形称为弯曲变形。以弯曲为主的杆件习惯上称为梁。

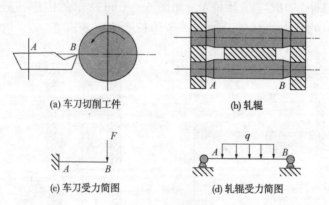

(a) 车刀切削工件   (b) 轧辊

(c) 车刀受力简图   (d) 轧辊受力简图

图 6-11 弯曲的构件

机器中的零部件失去应有的正常功能，称为构件失效。构件的失效形式与构件的形状、尺寸、材料、受力状态、载荷性质、温度等因素有关。

工程中的每一个构件都是为了实现确定的功能而设计的，一旦失去其应有的正常功能，该构件就失效了。因此，把由于材料的力学行为而导致构件丧失正常功能的现象称为构件失效。

构件在常温、静载下的失效主要表现为强度失效、刚度失效和失稳。由于构件发生塑性变形或断裂引起的失效，称为强度失效。由于构件的弹性变形超过允许的范围引起的失效，称为刚度失效。由于构件稳定平衡位置的突然转变引起的失效，称为失稳。由于周期性变化的应力作用，发生在较低应力作用下的突然断裂而引起的失效，称为疲劳失效。在各种机械的断裂事故中，大约有80%以上是由疲劳失效引起的。

由于温度超过一定数值，应力超过某一限度以后，在某一固定应力和不变温度作用下，随着时间的增加，变形缓慢增大，最终导致构件失效，称为蠕变失效，如燃气轮机的叶片可能会因蠕变而产生过大的塑性变形，与气轮机壳体相撞。

在高温下工作的构件，弹性变形后，若总变形量保持不变，但应力却随着构件的增加而逐渐降低，从而导致构件失效，称为松弛失效，例如，高压燃气管道紧固螺栓的预紧力会因松弛现象而大大降低，无法保证连接的紧密性等。

构件是由各种材料制成的，而材料的承载能力是有限的。如果超载，杆件将失去正常工作的能力。为保证杆件能正常工作，必须使其最大工作应力不超过材料的许用应力，这一条件称为强度条件。

工程中的很多构件，除了需要满足强度条件外，对构件承受载荷以后的变形也要加以限制，否则构件仍不能正常工作。对于某些要求高的零件，不但要有足够的弯曲强度，而且要有足够的弯曲刚度，以保证其正常工作。如图6-12所示的齿轮轴，在工作时如果变形过大，将会影响齿轮的啮合和轴承的运转。

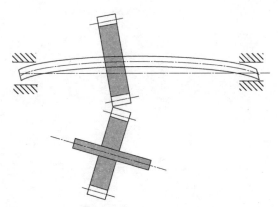

图6-12　轴的变形与齿轮的啮合

工程中，一些受压杆件，如简易起重机的起重臂（图6-13），螺旋千斤顶的螺杆（图6-14）等，它们的失效通常是由于构件失稳引起的。对于工程实际中的压杆，要使其在工作中不丧失稳定，就要求压杆的实际工作载荷小于压杆单位临界载荷，为了安全起见，还要考虑一定的安全系数，以便压杆具有足够的稳定性。

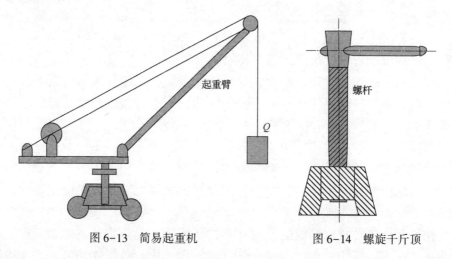

图 6-13　简易起重机　　　　　图 6-14　螺旋千斤顶

第七章 力学与航天

第一节 航空航天工程的发展历程

航空航天工程是一个国家科技实力和国防现代化的重要标志之一，它是目前各国争相发展的高技术产业，直接关系到国家的安全和经济的发展。在20世纪对人类影响最大的20项技术中，就包括航空航天技术，分别排名第3和第11位。而力学对它们的发展起到了至关重要的作用。

纵观航空航天的历史，力学便扮演着开天辟地的角色，现在力学更是与材料科学、能源科学作为航空航天领域三大基础学科。一方面，航空航天的诞生使得力学有了新的用武之地，从诞生之日起就推动了力学的发展，在航空航天事业发展的过程中不断地给力学的发展提供了许多新的课题；另一方面力学的发展又促进了航空航天事业的发展，为其提供了许多新概念、新思想和新方法。

航空航天技术是一门高度综合的现代技术，称之为"工业之花"，涉及许多学科门类，它包括了航空和航天两个大的分支。人们通常把在地球大气层内或大气层外空间(太空)飞行的器械统称为飞行器。飞行器在地球大气层内的航行活动称为航空。航天又称空间飞行、太空飞行、宇宙航行或航天飞行，是指进入、探索、开发和利用太空(即地球大气层以外的宇宙空间，又称外层空间)以及地球以外天体各种活动的总称。本章主要描述航天工程中的一些力学问题，也涉及一些航空工程中的案例。

航天力学是研究航天飞行器的力学问题，这里所说的航天飞行器包括航天运输器和空间飞行器，这也是航天工程实施的基础。空间飞行器主要包括对地观测卫星、深空探测器、飞船与空间站等。航天运输器包括液体和固体运载火箭、轨道转移器等。

著名空气动力学专家庄逢甘院士在《院士谈力学》一书中就力学学科若干分支和研究方向的论述中，阐述了航天与力学的发展。在该文中，庄院士纵观当今世界航天领域的发展，将其分成应用卫星和卫星应用、载人航天领域以及深空探测方面三个方面，具体阐述如下：

第一个方面是应用卫星和卫星应用。绝大部分的卫星都是利用空间的高远位置为信息的获取、传递和发布服务。其中包括通信卫星、遥感卫星、气象卫星、导航卫星和海洋卫星等。通信卫星不仅是当今通信技术的主要工具之一，而且已成为各国建设信息基础设施的重要组成部分。当代的空间遥感技术已经渗透到国民经济的各个领域。除此之外，卫星在未来的高技术战争中，无疑将起十分重要的作用。由于卫星及其应用有着明显的经济效益和国防价值，就必然成为航天技术发展的一个最主要的领域。在卫星领域中正孕育着一场技术革命，即卫星向小型化方向发展。可以预见，小卫星在卫星技术中引起的变化，就如同微型计算机在计算机技术中引起的变化一样深刻。为了满足发射小卫星的需求，我国已经研制成功了在飞机上发射的小型火箭。

第二个方面是载人航天领域。21 世纪初，载人航天的重点是建立空间站工程大系统。建立空间站只是载人航天漫长历程的第一步。正如俄罗斯的著名火箭专家齐奥尔科夫斯基所说，"地球是人类的摇篮。人类绝不会永远躺在这个摇篮里，而会不断地探索新的天体和空间。人类首先将小心翼翼地穿过大气层，然后再去征服太阳系空间"。开发宇宙，是人类长期以来的梦想。无疑，载人航天可以大大提高国家的威望和民族自豪感。另一方面，载人航天也为信息、能源和材料的综合开发创造了必要的条件。

第三个方面是深空探测方面。为了开发宇宙，寻找"地外文明"，就必须对月球、火星以及其他的行星进行探测。美国的 Apollo 计划实现了人类登月的愿望。

我国的航天事业起步于 1956 年 2 月，当时著名的科学家钱学森向中央提出了《建设我国国防航空工业的意见》。1970 年 4 月 24 日 21 时 31 分，我国第一颗人造地球卫星"东方红"一号飞向太空，这是我国航天史上的第一个里程碑。1987 年 8 月，我国返回式卫星为法国搭载实验装置，成为我国航天史上的第二个里程碑，从此我国进入世界航天市场。目前，我国研制成功的长征系列运载火箭可将当前不同质量、各种用途的卫星送入近地、太阳同步和地球同步转移轨道，并投入到了国际商业卫星发射服务市场。从 1999 年我国成功发射"神舟号"飞船以来，到 2003 年 10 月，神舟五号载人飞船的升空，使我国成为继苏联和美国之后，第三个拥有载人飞船技术国家，同时我国的航天事业也进入了黄金时代。2007 年 10 月 24 日 18 时 05 分，首颗探月卫星"嫦娥一号"的成功升空，也标志着我国航天事业进入了探月时代。2013 年 3 月，代号为"嫦娥工程"的中国探月计划正式启动。2013 年 6 月"神舟十号"起飞，在轨飞行 15 天后，和"天宫一号"进行了自动和手动交会对接，并对其进行短暂的有人照顾实验。

2016 年 4 月 24 日是首个"中国航天日"，国家领导人作出"探索浩瀚宇宙，发展航天事业，建设航天强国，是我们不懈追求的航天梦"的重要指示，2016 年发布的《2016 中国的航天》白皮书，首次提出建设航天强国的愿景。2017 年，党的十九大报告进一步强调了建设航天强国的重要性。按照《国家中长期科学和技术发展规划纲要（2006—2020 年）》的部署，"十三五"期间，以新一代运载火箭、载人航天、探月工程和高分辨对地观测系统等为代表的重大专项已进入实施的关键时期，空间基础设施、重型运载、深空探测等与进入深化论证阶段。

2016 年，以"长征五号""长征七号"为代表的新一代运载火箭成功首飞，中国火箭实现升级换代。2016 年 9 月中国首个真正意义上的空间实验室——"天宫二号"飞向太空。2017 年 10 月"神州十一号"与"天宫二号"对接形成组合体，航天员景海鹏、陈冬在"天宫二号"进行了为期 30 天的驻留。2019 年，长征十一号海上发射成功，标志着我国成为世界上少数具备海上发射能力的国家。"嫦娥四号"完成人类首次月球背面软着陆。2020 年 5 月长征五号 B 运载火箭首飞圆满成功，迎来了载人航天工程"第三步"发展战略任务实施的"开门红"，拉开了空间站在轨建造阶段飞行任务的序幕。从执行空间站首飞之后，首次火星探测到空间站核心舱发射，"长征五号"系列火箭迎来了高密度发射，大火箭的运载能力达到世界一流水平。

2020 年 7 月 23 日 12 时 41 分，"祝融号"火星车（"天问一号"任务火星车）在文昌航天发射场由长征五号遥四运载火箭发射升空。2021 年 5 月 22 日 10 时 40 分，火星车安全驶离着陆平台，到达火星表面，开始巡视探测。截至 2021 年 7 月 11 日 20 时，"祝融号"火星车已累计行驶 410.025m，各项工况正常。

2021 年 6 月 17 日 9 时 22 分，搭载神舟十二号载人飞船的长征二号 F 遥十二运载火箭，在酒泉卫星发射中心点火发射。此后，神舟十二号载人飞船与火箭成功分离，进入预定轨道，顺利将聂海胜、刘伯明、汤洪波 3 名航天员送入太空。15 时 54 分，神舟十二号载人飞船入轨后顺利完成入轨状态设置，采用自主快速交会对接模式成功对接于天和核心舱前向端口，与此前已对接的天舟二号货运飞船一起构成三舱（船）组合体，这是天和核心舱发射入轨后，首次与载人飞船进行的交会对接。18 时 48 分，航天员聂海胜、刘伯明、汤洪波先后进入天和核心舱，标志着中国人首次进入自己的空间站。7 月 4 日，神舟十二号航天员进行中国空间站首次出舱活动。

自发射第一颗人造地球卫星以来，航天器经历了由简单到复杂、由低级到高级的发展历程。现代航天器大都是典型的多体、柔性、充液航天器系统，大多带有多个大型柔性附件和充液储箱，规模庞大，结构复杂，多为多体-柔性-充液耦系统，甚至为多极控制和变结构系统。航天器在空间交会对接后更会增长为大型轨道复合体。同时航天器在太空中不但要完成轨道转移、姿态机动保持、对接、返回制动等多种运动，还要承受失重、地球引力与引力梯度矩、气动力与力矩、太阳光压等多种环境工况，运动因素也变得越来越复杂多样化。日新月异的航空航天技术发展，越来越多的复杂结构，给力学在航空航天领域的发展提出新的挑战。

航天器动力学专家曲广吉在《航天器动力学技术的发展和挑战》一文中将现代航天器的发展特点可以概括为：一是要求长寿命、大功率、高精度和高可靠；二是整星规模越来越庞大，构形越来越复杂；三是装有各类大型可伸展柔性附件，内外活动部件和机构多；四是充液贮箱规模大，装载燃料多；五是呈现多舱段和变结构轨道复合体。航天系统的功能性更强、复杂性更高、力学环境问题也更为突出，这不仅给力学学科提出了新的挑战，同时也为力学学科发展提供了新的机遇。

第二节　航天工程中的力学问题

航天力学主要研究航天飞行器在发射上升段、轨道进行段和再入返回段的力学问题。现代航天器研发中的问题和挑战集中表现在耦合动力学、空气动力学、姿态与轨道动力学、多体动力学、结构动力学、动力学仿真与试验等几个方面。

1. 耦合动力学

航天器在发射过程中经历复杂的力学环境，首先需要面对的便是耦合动力学问题。所涉及的主要有热固耦合、液固耦合和声振耦合。

（1）热固耦合

飞行器在大气层中的摩擦使航天器处于严酷的热环境中，热固耦合带来的交变激励使航天器结构面临挑战。随着飞行器朝着超高速方向发展，空气摩擦等引起的热固耦合问题也愈加严峻。

（2）液固耦合

随着对空间技术应用要求的不断增长，航天器需要完成的任务也越来越复杂，这就对机动和运载能力提出了越来越高的要求，航天器需要携带的液体燃料也越来越多。例如1997年美国航天局发射的三轴稳定Cassini航天器，它被认为是当时最为复杂的航天器，它携带了质量为3100kg的液体推进剂，占航天器总质量的60%；2004年Cassini航天器进行了上百次的轨道机动以完成与土星的交会；我国研制的"东方红三号"静止通信卫星，起飞时液体推进剂约占整星质量的57%；美国航空航天管理局于2010年2月所发射的SDO含有2个大型推进剂储腔，充液重为1400kg，占卫星总重的47%。为了保证高精度航天任务的安全实现，在现代大型航天器的总体设计中必须要考虑推进剂晃动的影响。在航天航空工业中，晃动动力学的分析和控制始终是航天器总体设计所关心的核心问题之一，晃动动力学的分析和控制已经成为许多宇航飞行器分析中的标准组成部分。

（3）声振耦合

声振耦合实质上是指结构与声的交互作用。航天器位于整流罩内，受到运载支架传递的振动载荷和气动噪声传递的声载荷作用，发射过程的声振耦合很重要。此外，航天员长期在轨对载人环境提出了严格要求，其中密封舱内的噪声和振动环境是一个非常重要的指标。

2. 空气动力学

空气动力学是力学的一个分支，研究飞行器或其他物体在同空气或其他气体做相对运动情况下的受力特性、气体的流动规律和伴随发生的物理化学变化。它是在流体力学的基础上，随着航空工业和喷气推进技术的发展而成长起来的一个学科。这一过程中冯卡门对空气动力学的发展起了重要作用。

航空要解决的首要问题是如何获得飞行器所需要的升力、减小飞行器的阻力和提高它的飞行速度。这就要从理论和实践上研究飞行器与空气相对运动时作用力的产生及其规律。

通常所说的空气动力学研究内容是飞机、导弹等飞行器在各种飞行条件下流场中气体的速度、温度、压力和密度等参量的变化规律，飞行器所受的升力和阻力等空气动力及其变化规律，气体介质或气体与飞行器之间所发生的物理化学变化以及传热传质规律等。根据流体运动的速度范围或飞行器的飞行速度，空气动力学可分为低速空气动力学和高速空气动力学。通常大致以400km/h这一速度作为划分的界线。

（1）高超声速空气动力学

临近空间飞行器一般认为飞行在20~100km空域，马赫数大于5。临近空间飞行器为获得大航程、高速和高机动性能，需要采用高升阻比气动布局，常见的高升阻比的气动布局有：乘波体、翼身融合体和升力体等。

（2）稀薄气体动力学

气体密度很低时，流体力学中的连续介质假设不再适用，气体分子离散特性开始显现，这种气体称为稀薄气体，研究这种气体流动规律的学科就是稀薄气体动力学。对于在地球低轨道（200~500km）运行的卫星和空间站来说，必须正确地预测它们在稀薄气体中运动时所需的气动力和气动力矩。这样，才能正确地估计为了维持轨道高度和保持它们姿态而必须携带和需补给的燃料量，从而才能进一步正确地估计它们的寿命和全寿命费用。

（3）高温气体动力学

高温气体动力学研究高温气体流动规律和流动中气体产生的高温所引起的气体各种物理化学变化、能量传递和转化规律。它的研究内容主要有下述几个方面：高温气体流动中，气体分子内部各种能级的激发和气体中电离、离解、化学反应等物理化学变化的规律以及伴随有这些变化的流动的规律；高温气体状态方程；高温气体流动中能量的传递和转化过程等。

（4）气动热力学

气动热力学主要研究高温气体所发生的热现象。它的主要任务之一是确定高超声速飞行器表面的热环境。在航天飞机表面热流的飞行试验中，发现实际测得的结果要比预测的结果低。追究其原因，主要是航天飞机的防热瓦涂有一种硫化玻璃，这种硫化玻璃对化学反应的催化作用是很小的。为了正确估计材料表面对化学反应的催化作用，也需要研究真实气体的影响问题。

气动热力学的另外一项任务是预测进入其他行星的高超声速飞行器的热环境。以火星为例，其大气与地球的大气完全不同，火星大气的95%是CO_2，3%是N_2，在确定火星探测器的热环境时，必须掌握上述 CO_2-N_2 大气的高温动力学数据，同时还必须了解在这种大气中，飞行器表面的催化特性。

（5）发动机空气动力学

气动热力学的另一项任务就是为火箭发动机和高超声速的吸气式发动机服务，为此，它也可以叫作发动机空气动力学。对于火箭发动机的设计来说，近年来一个很大的变化是广泛采用了计算流体力学。这不仅提高了发动机的性能，而且缩短了研制时间，节省了研制的经费。

3. 航天器动力学

航天器动力学是指航天器的轨道运动和姿态运动所涉及的所有动力学问题，这里的动力学包括了运动学、稳定性等含义，航天器运动控制也可以视为航天器动力学的一部分。狭义地讲，航天器动力学主要是研究航天器固有的各类动力学特性及其姿态动力学。著名航天器动力学专家曲广吉在《航天动力学技术的发展与挑战》中给出了航天动力学的研究范畴和相互关系，如图7-1所示。

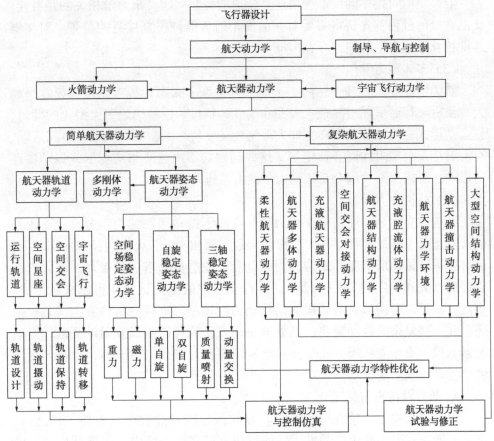

图7-1　航天动力学的研究范畴和相互关系

（1）航天器轨道动力学与轨道控制

常规的航天器轨道，包括低地球轨道、太阳同步轨道、地球静止轨道等，具有典型的二体轨道特性，这些航天器的轨道动力学相对比较简单和成熟，属于传统的开普勒轨道。但随着太空探索的不断发展，出现了多体问题轨道、连续推力轨道、太阳帆轨道等一系列新的轨道类型，也带来了新的轨道动力学问题。目前，月球探测、火星探测、小行星探测等深空探测任务都已开始实施或提上日程，其中轨道设计是深空探测任务的关键技术之一。将小推力与借力飞行相结合，将产生更多灵活巧妙的轨道设计方案。

（2）交会对接

发展空间站以及进行深空探测离不开空间对接技术。空间对接动力学主要研究对接动力学特性，包括对接机构运动学与动力学特性、姿态动力学等，为对接机构设计和控制策略提供相关的依据。

卫星交汇对接中的交汇主要还是轨道的控制问题，跟力学相关的是对接。交汇对接的过程首先是将需要对接的两个航天器调整至接近的位置。对接器部件相互运动发生的同时存在碰撞。

（3）多体动力学

航天器(卫星、空间站等)上大型展开天线、太阳帆板等附件规模越来越大，使得飞行器呈现出复杂、大型和柔性的特点。在结构趋于大型化的同时，其运动形式也更加复杂多样，如大范围机动变轨、大型柔性机械臂空间运动、交会对接及大型附件展开锁定等。这些问题均不能忽略结构变形或振动特性的影响，需采用刚柔耦合系统动力学的方法进行研究。

（4）结构动力学

结构动力学是研究结构在动力荷载作用下振动问题的力学分支。不论是航天器还是运载器，都存在大量振动问题。例如，运载火箭的长细比例较大，就必须进行振动塔试验和结构动力学计算。建造振动塔造价很高。随着火箭直径的加大和长度的进一步增加，进行全尺寸的振动试验变得越来越困难。为此，必须建立模拟火箭结构的结构动力学模型，进行分析计算。运载火箭还存在一些复杂的振动现象，如处理得不好，就可能造成发射的失败。对航天器来说，太阳能帆板，或是由多个舱段交会对接成的组合体，也会产生新的结构动力学问题。

4. 动力学仿真与试验

航天器结构力学特性分析是卫星结构系统研制过程中的重要工作之一。近年来商业有限元软件蓬勃发展，使得仿真计算成为国内航天器结构设计的重要参考手段。

（1）计算固体力学

计算固体力学(computational solid mechanics)是计算力学下的固体力学研究分支。其是采用离散化的数值方法，并以电子计算机为工具，求解固体力学中各类问题的学科。基本方法是：在已建立的物理模型和数学模型的基础上，采用一定的离散化数值方法，用有限个未知量去近似待求的连续函数，从而将微分方程问题转化为代数方程问题，并利用计算机进行求解。

对计算力学感到迫切需要的首先是航天航空部门。正是由于这种迫切需要，在数字电子计算机问世及开始普及的条件下，航空和航天工业(还有原子能工业)率先发展了以有限元素法和差分法为主要内容的计算力学。计算力学帮助人们深入探究物质的本质、相互联系和相互影响，激发新的设计概念和设计方法；优化工程(产品)质量，缩短设计周期，减少工程投资，降低产品成本；而且，它使过去无法解决的复杂工程问题得以可靠而有效地解决。

① 复杂工程问题的分析。例如：航空航天器和大型空间柔性结构的分析，分析的规模往往高达数万个节点、近十万个自由端；飞行器的高速碰撞问题，如飞机的鸟撞、坠撞，包容发动机叶片与机匣的设计，装甲设计与分析，载人飞船在着陆或溅落时的撞击等；耦合问题(如油箱晃动)，空气弹性力学问题，热/固体耦合，磁/热/固体耦合等；生物医学工程，如航空医学、弹射座椅、头盔以及其他救生设备的设计等。

② 数值试验。用数字计算机进行数位计算来代替部分常规验证性试验和小部分研究性试验用，活化的(从计算得到的)响应图像来模拟真实结构在真实实验室环境条件下观测到的响应。

数值试验可以带来许多好处。例如，它可以大幅度降低试验费用，可以明显缩短试验周期；所有的试验环境和条件，即使在真实实验室条件下难以实现的条件和环境，都可以在计算机上复现。数值试验还可以较方便地了解各设计参数对结构响应的影响。

③ 逆问题(或反问题)。在工程实践中，人们真正感兴趣的并不是正问题而是逆问题。逆问题在航空工程中已有初步应用，例如航天飞机再入大气层的飞行轨迹的确定。如果给定飞行轨迹，可以算出热保护层下面受力结构的瞬态温度，如果要求受力结构的瞬态温度不超过某一值，则应设计再入大气层的飞行轨迹。

④ 主动控制技术(ACT)。ACT 是一门综合技术，它将自动控制理论，随动系统的设计与制造，以及具体物理问题的理论与分析方法综合在一起。当前在航空工程中，ACT 可应用于地形跟随，地形回避，改善飞行品质(如操纵性和稳定性)，减缓阵风响应，颤振主动抑制，等。

⑤ 随机过程。长期以来，无论是解析法还是数值法，在计算工程结构时人们总是把问题所涉及的参数看成是确定性的，这样得到的响应预估自然也是确定性的。但实践证明这样预估的结果并不可靠，有时是很危险的，为了保证结构的安全，人们采用了安全系数设计法，而安全系数值的大小取决于结构与环境参数的分散程度。例如缺陷敏感的受轴压或外压的壳体稳定性和带裂纹结构的使用寿命，它们的试验值就具有很大分散性。安全系数法并不能从积极的方面改进结构，而且过高或过低估计安全系数值会导致不经济或不安全的结构。因此，从 20 世纪 70 年代开始，安全系数设计就逐渐被可靠性设计所替代。当前在航空工程中，随机过程和可靠性分析应用最广泛和迫切的是疲劳寿命预估和裂纹扩展问题。

（2）计算结构力学

计算结构力学是计算力学的一个分支。它以数值计算的方法，用电子计算机求解结构力学中的各类问题，所以又称计算机化的结构力学。

有限元法的发展标志着计算结构力学的开始。Hurty（1960 年）和 Gladwell（1964 年）奠定了模态综合技术，随之产生的子结构法被航天航空和各种大型工程领域广泛应用，它是一种复杂结构建模与分析的有效方法。

（3）航空动力学软件

航天动力学软件是航天动力学理论与工程实践联通的桥梁，可以显著提高航天任务分析设计效率和水平。作为面向航天领域研究和应用的专业软件，航天动力学软件是航天动力学、科学计算方法、软件工程等多项技术的交叉成果。这些通用工具软件的出现，提高了任务设计的效率和水平，降低了人力和物力成本，增加了任务的可靠性，反过来也促进了航天工程的发展。经过几十年的发展，国外已经形成了一批成熟的航天动力学软件，如侧重于任务仿真分析的 STK、FreeFlyer 等，以及侧重于航天器轨迹优化的 POST、ASTOS 等。这些软件成熟度和可靠性好，广泛应用于多个航天任务中。时至今日，航天动力学软件已经成为航天任务分析与设计中不可缺少的关键工具。

近年来国内在航天动力学理论研究与工程应用方面均有长足发展，但成熟航天动力学软件方面几乎还是空白。近年来我国航天动力学研究在国家一系列重大任务的带动下，取得了长足发展，具备了研制自主软件的基础。面对航天事业蓬勃发展的大好机遇以及国际技术壁垒带来的严峻挑战，我国有能力，并且亟须开展自主航天动力学软件的研制工作。

5. 其他力学问题

（1）分离冲击

航天器中大量使用了火工装置来完成分离、驱动、展开、锁定等动作，火工装置动作时会产生一种短时、高频、高幅值的复杂震荡性爆炸冲击环境。对航天器特别是电子系统、薄壁结构、脆性材料等具有较强的破坏作用，如剪切式爆炸螺栓中炸药爆炸及爆炸冲击波对爆炸螺栓盒中的冲击破坏作用。当星箭分离时，如果分离动载荷过大，会使得剪断锁紧弹射筒和两半罩的锁紧销提前断裂，导致弹射筒无法正常起爆，从而造成整流罩无法正常分离。

（2）微重力流体力学

对微重力流体力学的要求主要来自空间材料加工和空间材料试验，航天器设计中遇到的微重力燃烧和微重力下的流体管理等工程问题也要求微重力流体力学的支持。

（3）轮壤接触动力学

月球探测取得的巨大成就，提高了人类对地球以外星球的认识水平，同时在世界上又掀起了利用轮式机器人（星球车）对火星进行探测的热潮。要使星球车能够在更加富有挑战性的松软崎岖的地形上正常运行，这就会涉及探测器与星球表面之间的接触力学问题。

（4）湍流

航天飞行器在大气层内飞行的时候，经常会碰到湍流的问题。而现在的飞行器对精细化的要求越来越高，这就使湍流的问题得到进一步重视，也对飞行器的设计提出更高的要求。例如热防护系统的设计、有效载荷的设计和飞行器气动布局的设计等。

（5）陀螺力学

陀螺力学是一般力学的一个分支，研究陀螺、陀螺仪和陀螺系统的运动。陀螺和陀螺仪通常被看作同义词，陀螺仪有时也称为回转仪。陀螺运动的理论基础是刚体动力学。陀螺运动从18世纪后半叶起成为数学力学家感兴趣的纯理论研究课题，而且只在天文学中获得应用；到20世纪初，形成了以工程应用为最终目标的陀螺力学。陀螺力学又称为陀螺仪理论和陀螺动力学。卫星能否将数据准确无误地传回地球，太阳能板能否对准太阳，探测器能否对准所测星体，都与陀螺的稳定性有着密不可分的关系。陀螺仪的稳定性在航空航天技术的发展过程中起到了不可估量的作用。

在航天器中有许多高速旋转的"常平架陀螺仪"。常平架陀螺仪由两个可自由转动的圆环组成，较大的为外环，较小的为内环，内环套在外环之中，并且内外环的自由转轴相互垂直、将一个普通的陀螺套在内环中，并使其转轴分别与内外环的自由转轴垂直，就构成了一个常平架陀螺仪（上述的三个自由转轴都要通过陀螺的重心）。陀螺仪不受重力的力矩，角动量守恒，无论我们怎么改变框架的方向，都不能使陀螺仪的转轴在空间的取向发生变化。随着科技的进步，陀螺仪变得更加先进，更加精确。比如现代的激光陀螺仪、光纤陀螺仪等，但是其基本原理并没有改变。

第三节　航天力学的研究方法

传统的力学研究方法，主要是理论分析、数值计算和地面试验研究。在解决近代航天任务提出的新的力学问题时，形成了理论分析和数值计算、地面模拟试验和飞行试验等手段相结合的研究方法。

理论分析是十分重要的，其关键是建立正确的物理模型。但是由于在物理模型、计算方法中存在着一些不确定的因素，计算力学的结果必须用相应的试验进行验证。地面试验，仍然是当今力学中重要的方面。对航天任务来说，地面试验往往不能全部模拟航天任务所遇到的全部环境。以高超声速飞行器为例，现有的地面模拟设备，就无法模拟高马赫数具有真实气体影响的飞行环境。

航天力学的飞行试验，是一种新的技术概念或一种新的设计方法，假若只有理论计算和地面试验，而没有经过飞行试验的综合考核，航天飞行器的总设计师往往不敢采用过这种高风险的新技术手段，因此，他们就很难得到应用。美国在发展重复使用单级入轨火箭时，首先决定执行一个先进运载技术计划，在此基础上，进一步发展技术演示验证飞行器，循序渐进，又可以加大技术发展的跨度。

第八章　力学与煤矿瓦斯

全世界每年因矿难死亡的人数超过万余人，其中因煤矿动力灾害事故死亡的人数占有很高比重，煤矿煤岩瓦斯动力灾害包括煤与瓦斯突出、瓦斯(煤尘)爆炸、冲击矿压和大面积冒顶等，严重威胁着煤矿安全高效生产和矿山工作人员的生命安全。而煤与瓦斯突出事故和瓦斯(煤尘)爆炸又是煤矿动力灾害事故中最为严重、危害性极大的事故，已成为世界各国关注的焦点，须有效预防煤矿煤岩瓦斯动力灾害。

第一节　煤与瓦斯突出中的力学问题

煤与瓦斯突出是一种瓦斯特殊涌出的现象，即在压力作用下，破碎的煤与瓦斯由煤体内突然向采掘空间大量喷出的现象。煤与瓦斯突出是煤矿井下生产的一种强大的自然灾害，严重威胁着煤矿的安全生产，具有极大的破坏性。煤与瓦斯突出前都有预兆出现，但出现预兆的种类和时间是不同的，熟悉和掌握其预兆，对于及时撤出人员、减少伤亡具有非常重要的意义。

煤与瓦斯突出过程有着复杂的力学作用机理，是一种复杂的动力现象，是地应力、瓦斯压力及煤的物理力学性质三者综合作用的结果。在瓦斯突出的过程中地应力、瓦斯压力是瓦斯突出发动与发展的动力，煤物理力学性质是阻碍或推动瓦斯突出发生的因素。因此，在研究瓦斯突出时，首先要了解地应力、瓦斯压力与煤物理条件对瓦斯突出的影响。

1. 地应力

地应力在瓦斯突出中起着双重的作用，一方面增强了煤体抵抗破坏的能力，另一方面使煤体发生剪切破坏。地应力对瓦斯突出的促进作用还表现在其增强了瓦斯的存储能力。瓦斯突出发生的一个充要条件是煤岩具有较高的地应力而可能突然释放潜能。

2. 瓦斯压力

瓦斯压力在瓦斯突出准备和突出阶段起着重要作用。在准备阶段瓦斯的主要作用是通过吸附煤体，使煤体强度降低，而使煤的脆性、刚度提高。煤体在受到地应力破坏后，决定能否发生突出的是煤体向大裂纹中释放瓦斯的膨胀能，这种膨胀能是瓦斯突出的主要能源。煤裂隙和孔隙中游离状态或吸附状态的瓦斯，将会不断压缩煤的骨架促使煤体中产生潜能，以至于形成很大的瓦斯压力梯度。瓦斯突出发展的另一个充要条件是有足够的瓦斯流把碎煤抛出，且使突出孔道畅通，在孔洞壁形成较大的地应力和瓦斯压力梯度，从而使煤的破碎向深部扩展。

3. 煤的物理力学性质

煤结构和力学性质与发生瓦斯突出有很大关系。因为煤体和煤的强度性质、瓦斯解吸和放散能力、透气性能等都对瓦斯突出的发动与发展起着重要作用。通常，煤越硬、裂隙越小，要求的地应力和瓦斯压力越高，反之亦然。因此，在地应力和瓦斯压力为一定值时，软煤分层易被破坏，突出往往只沿软煤分层发展。另外，多数突出事故的发生地点附近都会出现地质构造或煤层厚度、倾角等赋存参数的明显变化，或处于保护层煤柱影响区和其他应力增高区。

因此，瓦斯突出是地应力、瓦斯和煤的物理力学性质三者综合作用的结果。是积聚在煤岩体中大量潜在能量的突然释放。其中，高压瓦斯在突出的发展过程中起决定性的作用，地应力构造应力、自重应力、采动应力、温度应力等突变和采掘活动扰动是诱发突出的因素，煤的物理力学性质则对突出过程起到抑制或促进的作用，上述三者是统一的有机整体。

突出过程是一个能量释放的过程。根据瓦斯突出过程的特征，突出的发生和发展要经历以下四个阶段：

① 准备阶段，也是能量的聚集阶段，这一阶段是突出发生条件的酝酿阶段。包括应力集中而形成的弹性变形能和瓦斯流动受阻而形成高压瓦斯能。在突出准备阶段，因围岩发生应力集中和强度破坏，为后续的失稳创造了条件。

在这一阶段，应力加载、煤岩受力状态的改变、煤岩物理力学参数的变化、煤岩体内瓦斯压力的变化及瓦斯吸附解吸状态等的变化积累到一定程度，煤岩体发生破坏失稳和抛出时，准备阶段结束，进入突出发动阶段。

② 激发（发动）阶段，突出的发动阶段是指从准备阶段静止的煤体到煤岩与瓦斯突出发生这一突变点，受采动等外界扰动的影响，局部煤体破碎而使煤体的平衡状态遭到破坏，从而进一步激发煤体破坏和引发瓦斯大量解吸，导致瓦斯突出。发动的标志是煤岩体破坏失稳。突出发动时围岩突然失稳，失稳煤岩快速破坏和抛出。破坏是指煤岩受力状态达到屈服点，失稳是指一定体积的煤岩失去承载能力，抛出是指一定体积的煤岩与原周围煤岩体完全失去力的联系。这里所谓的一定体积，难以做出量的界定，通常理解为足以使周边煤岩体发生物理力学参数或受力状态发生变化的煤岩体范围。

突出的发动从煤壁的失稳开始，如果失稳煤体仅局限于煤壁表面的小范围，此处几乎不存在瓦斯的作用，失稳煤体在重力势能和不大的弹性势能作用下抛出，产生片帮一类的动力现象，这种现象的发动通常难以持续发展。如果失稳煤体是沿某一高角度结构弱面形成，失稳煤体在重力势能、较小的弹性势能和瓦斯内能作用下抛出，形成倾出类动力现象。由于深入煤体较深部，瓦斯压力不高，仅会引起较小范围深部煤体动力现象的发展，这种发展仅限于小范围深部煤体的失稳和位移，以及深部煤体瓦斯的缓慢解吸与释放。如果失稳煤体不是沿高角度结构弱面形成，而且深入煤体一定深度，煤体主要在弹性势能和不高的瓦斯内能作用下抛出或挤出，形成压出类动力现象。这类动力现象同样由于深入煤体较深部，瓦斯压力不高，仅会引起较小范围深部煤体动力现象的发展，同样只表现在小范围深部煤体的失稳和位移，以及深部煤体瓦斯的缓慢解吸与释放。如果失稳煤体和压出类动力现象相似，失稳煤体主要是在瓦斯内能和相对较小的弹性势能作用下抛出，则形成突出类动力现象。这类动力现象深入煤体较深部，瓦斯压力高，会引起大范围深部煤体动力现象的发展。如果压出类动力现象的煤体失稳发生于较坚硬的煤层中，则煤体可能呈现脆性失稳，引发煤体失稳和抛出所需的力和弹性势能更大，这时的动力现象就转化为冲击地压。

③ 发展阶段，突出的发展是突出孔洞壁煤体由浅入深逐渐破坏并抛出的过程，煤体的连续破碎和瓦斯的不断解吸，使破碎煤体不断被抛出并喷出高压瓦斯。煤的破坏、粉碎与运移，是瓦斯的作用结果。而在地质构造方面：一是造成突出地点的地质条件复杂；二是构造地应力突然集中或释放。这个阶段主要受控于孔洞壁煤体的应力分布以及孔隙和裂隙中瓦斯压力对煤的拉伸和剪切破坏，并可分为粉化和层裂两个阶段。这两个阶段会有交替出现的可能，在层裂破坏过程中，突出孔洞周围的煤岩体将继续发生流变变形，瓦斯继续涌出，这种变化可能导致两种结果：一是再一次达到粉化破坏条件，突出被再一次激发；二是变形趋于减弱直至终止，也即发展过程出现衰减并最终达到新的力的平衡，使煤岩体持续破坏失稳和抛出的条件不能满足，进入突出终止的时间点。

在突出发动以后，深部高地应力、高瓦斯压力的煤体突然暴露出来，在"三高一扰动"（高地应力、高温、高岩溶水压与采掘扰动）作用下，深部煤岩的力学环境较浅部发生了很大变化，从而使深部煤岩表现出特有的力学特征现象。如地应力场复杂化、大变形、强流变与突变性、脆性-延性转换及岩溶水的瞬时性。特别是受深部的影响，由于瓦斯运移不畅，大量的瓦斯非均匀地分布在煤岩体的裂隙内，并释放到采掘工作面内，从而造成瓦斯含量急剧增加。上述现象将造成瓦斯含量迅速增加，突出的次数与强度也相应增多。

④ 稳定阶段(停止阶段)，突出发展到一定程度，由于抛出物的堆积使瓦斯流动阻力增大，瓦斯解吸速度放慢，从而导致煤压力下降，速度放慢，使煤体的平衡得到加强；另一方面，突出孔洞扩展到一定程度也形成了有利于煤体平衡的拱形结构。这些有利因素满足了煤体新的平衡条件，突出趋于稳定。瓦斯将在较长的时间内从突出煤和孔洞周围煤体中继续涌出瓦斯。当煤体破坏停止，瓦斯从突出孔洞和突出物中的涌出逐渐减弱，瓦斯、煤混合物沿巷道的移动停止。突出孔壁受堆积煤岩的支撑或孔洞形状变化促使孔洞壁煤体受力状态的改变是突出终止的主因。

综上所述，瓦斯突出的力学过程是在高地应力的作用下，煤体逐渐破裂，产生裂隙并形成通道，瓦斯也不断解吸；解吸与游离的瓦斯迅速形成瓦斯膨胀能，粉碎煤体，并将表面破坏的煤体抛出，推动地应力峰值移向煤体内部，继续破坏煤体。所以，研究煤岩在高地应力下的破坏机制、煤岩裂隙场的孕育发展过程以及瓦斯渗流演化规律之间的耦合效应是至关重要的。瓦斯突出机理发展趋势是以断裂损伤力学、采矿地质学及瓦斯流体力学为理论基础，结合现代力学理论、非线性系统科学、计算机科学理论和控制理论，采用多种手段相结合的方法，从量化角度研究瓦斯突出机理，研究地应力及瓦斯压力在突出中的耦合作用，研究瓦斯突出灾害孕育过程中的微观机理以及时空演化特征，探寻瓦斯突出灾害孕育—演化—发生的微破裂前兆信息，为有效预警并防治突出提供理论基础。

第二节 煤矿瓦斯燃烧爆炸的力学问题

瓦斯爆炸事故是我国煤矿最严重的事故类型之一，瓦斯燃烧爆炸中的力学问题主要涉及爆炸力学。爆炸力学是研究爆炸的发生、发展规律、爆炸波在介质中的传播、引起介质和结构变形、破坏、抛掷和振动等力学效应的学科。它从力学角度研究爆炸能量突然释放或急剧转化的过程和由此产生的激波(又称冲击波)、高速流动、大变形和破坏、抛掷等效应。爆炸力学是流体力学、固体力学、物理学和化学之间的一门交叉学科。

矿井瓦斯爆炸事故发生后会在井下巷道内产生冲击波、火焰、有毒有害气体。火焰锋面是正在进行化学反应的高温气体，瓦斯爆燃到爆轰速度区间大约为 $1 \sim 2500 \text{m/s}$，火焰的温度可达 $2150 \sim 2650 \text{℃}$，火焰锋面经过之处，井下工作人员被烧伤甚至死亡。冲击波波阵面压力从几个大气压到 20 几个大气压，冲击波在巷道拐弯、分叉、截面变化等反射区域可以达到 100 个大气压，传播速度大于声速，最后衰减成声波后传播速度为当地声速，所经过之处通风构筑物等被破坏、巷道倒塌，造成人员的伤亡。所以一般在瓦斯爆燃情况下，冲击波传播速度大于火焰传播速度，如果在爆轰的情况下，火焰传播速度大于冲击波传播速度，火焰锋面会赶上冲击波波阵面。在一定条件下爆燃能够转化为爆轰。瓦斯爆炸产生的有毒有害气体随井下风流弥散，大量的CO往往造成人员的群死群伤。冲击波伤害主要表现为人员受挤压或碰撞到巷道壁面而使得内脏损伤或造成骨折、脑震荡等。冲击波波阵面压力减去大气压称为超压，主要造成人员受挤压或摔掷；高速运动着的气流压力称为动压，主要造成人员摔掷；冲击波波阵面急剧碰撞造成后面稀疏区内压力低于大气压，称为负压，正负压作用使得建筑物加剧破坏，波阵面前方超压和动压以及波阵面后面的负压对构筑物造成摇摆而使其严重破坏。

瓦斯爆炸的研究一般可分为两个方面：一是对瓦斯爆炸传播过程的研究，主要研究不同条件下瓦斯爆炸过程的传播规律，为阻爆、隔爆以及抑爆技术的研究提供理论依据；二是瓦斯爆炸特性的研究，主要针对不同条件下瓦斯爆炸极限及表征参数进行研究。

煤矿瓦斯爆炸机理及点火方式也是瓦斯爆炸研究的一个重要内容。根据大量地质资料，矿井瓦斯的主要成分是甲烷（CH_4），瓦斯爆炸可以看作是甲烷气体在外界热源激发下的剧烈热化学反应过程，根据这一化学反应，确定瓦斯爆炸事故发生的基本条件：瓦斯浓度处于瓦斯爆炸极限范围内（5%~16%）；氧气的最低浓度为12%；有大于引燃瓦斯最小点火能的点火源存在。化学动力学研究揭示了甲烷爆炸过程物理和化学本质特征。

1. 瓦斯爆炸过程的物理描述

瓦斯气体被点燃后，形成爆源。火焰向未燃烧气体中传，火焰锋面迅速增大。在燃烧过程中气体在高温作用下膨胀，压缩未燃气体，形成一道道压缩波，压缩波的叠加形成以声速传播的压力波。

压力波在巷道内传播对未燃瓦斯气体进行扰动，使得火焰燃烧的速度加快，从而使得后面产生的压力波峰值增加速度加快，后面的压力波赶上前面的压力波，这样叠加起来就形成冲击波，冲击波和火焰在瓦斯燃烧区内呈正反馈作用。除了冲击波影响火焰加速燃烧的扰动源外，还有障碍物、管道分叉、拐弯、截面变化等的影响。

瓦斯燃烧被不断加速，产生的冲击波波阵面压力峰值不断加大，冲击波波阵面的膨胀作用扰动前方未燃烧的瓦斯气体向前运动，从而使火焰传播距离大于原始积聚的瓦斯体积（为3~6倍）。这种正反馈作用使得火焰燃烧速度越来越快，当火焰的锋面赶上冲击波波阵面的时候就会产生爆轰。当瓦斯燃烧完毕后，冲击波强度达到最大，此后冲击波继续向前传播，但是压力及传播速度开始逐渐减小，直到变为声波。瓦斯爆炸冲击波在传播过程中形成三个流场区域，瓦斯爆炸过程的"两带两波三区"结构示意图如图8-1所示。

图8-1 "两带两波三区"结构示意图

2. 瓦斯爆炸传播机理

瓦斯爆炸传播机理可通过爆炸力学和气体动力学进行研究。基于矿井环境，大部分煤矿瓦斯爆炸事故属于管状空间内的可燃性气体爆炸。从时间和空间上可以分成引爆和爆炸传播两个阶段。实验结果和理论分析都证实，矿井巷道中瓦斯爆炸传播是以冲击波方式传播的，根据传播时间和空间的推移，冲击波结构要发生变化。在起始阶段，以爆燃波（爆轰波）方式传播，随着甲烷气体燃烧完毕，则演变为单纯空气冲击波传播。在爆炸传播方式上，目前从实验和理论两个方面都证明，瓦斯爆炸冲击波在一般条件下，以爆燃波形式传播，但是在某些条件下，可能演变为爆轰波。瓦斯爆炸的具体传播过程可描述为：

① 前驱冲击波。管状空间内甲烷气体爆炸过程是一个快速的燃烧反应过程，对于一维平面前驱冲击波两侧的状态，将变化的冲击波运动转化为准定常流动处理，对冲击波周围的控制体建立基本方程，满足质量、动量、能量三大守恒定律。前驱冲击波阵面为前驱冲击波通过后的燃烧区与可燃气体初始状态未燃区的交界面；未燃区为未扰动的甲烷混合气体。

② 火焰波阵面。管状空间内瓦斯爆炸火焰的传播一般经过三个阶段：在初始阶段，被点燃的甲烷气体以球形波方式传至壁面后，火焰波阵面以层流火焰的形式向前传播。受壁面等约束物的影响作用诱发湍流现象的产生，加大火焰波阵面，同时冲击波与火焰波相互作用，形成湍流火焰。甲烷燃烧放热使温度升高，气体发生膨胀形成压差，促使火焰波运动加快，燃烧速率上升，致使火焰不断加速，在某一时刻达到最大火焰传播速度。随后，如果没有提供更多的可燃气体，能量得不到补充，同时因壁面的内摩擦、热损失作用、反应产物产生的稀疏波等因素，使火焰消耗的能量大于获取的能量，火焰的传播速度开始减缓，甲烷气体从爆燃过程转变为正常燃烧状态。最后，火焰以正常燃烧速度传播，随甲烷气体的消耗殆尽逐渐减速至消失。

冲击波传播过程中波阵面的压力峰值，由燃烧膨胀做功补充能量与压缩气体损失能量关系而定。当瓦斯燃烧过程中冲击波的补充能量大于传播过程中的能量损失时，其压力峰值变大，反之则强度减小。如果冲击波补充到的能量等于损失的能量，则强度不变。在瓦斯燃烧区内由于瓦斯一直燃烧所以冲击波能够补充到能量，由于火焰在巷道内传播过程中总会碰到如障碍物、拐弯等扰动源，所以大部分情况下瓦斯燃烧速度是越来越快的，故从爆炸开始到瓦斯燃烧完毕，冲击波波阵面的峰值强度是逐渐加大的。而在一般空气区内，瓦斯燃烧完毕，冲击波波阵面能量没有了补充来源，故冲击波逐步衰减。在管道拐弯、分叉、截面变化处可能出现压力局部增加的现象，这是由于冲击波与巷道发生反射而叠加起来，使得局部范围内有压力增大的现象发生，冲击波经过这些反射后能量迅速降低，故冲击波经过巷道拐弯、分叉等其他反射壁面后会迅速降低，冲击波的强度总体来说是衰减的。

冲击波波阵面刚到达的地点，气体压力、温度、密度会骤然升高。波阵面的厚度很薄，大约为几毫米，波阵面的气体压力远大于阵面两侧的气体压力，所以波阵面的气体受压缩后向波阵面两侧膨胀做功，当膨胀到一定体积时，其压力和周围气体压力相等，此时受压缩气体由于惯性作用继续膨胀，使得其压力继续降低，形成负压区。冲击波经过建构筑物时，波阵面压缩气体刚接触到建构筑物时要向前推动构筑物，而波阵面压缩空气刚经过构筑物时，波阵面压缩气体向后膨胀推动构筑物，这就是冲击波经过时构筑物先发生摇摆特征而后遭到破坏的原因。

3. 瓦斯爆炸冲击波在井下巷道内传播的影响因素

瓦斯爆炸冲击波在井下巷道内传播会受到很多因素的影响，会改变冲击波的压力峰值和传播方向。在瓦斯燃烧区和一般空气区内，瓦斯爆炸冲击波的发展和传播过程不同。在瓦斯燃烧区内前驱冲击波受瓦斯燃烧的能量补充压力强度越来越大，传播速度越来越快，而加强的冲击波又对未燃瓦斯气体有扰动作用，从而使瓦斯燃烧速度越来越快，这是火焰和冲击波的正反馈作用机理。在一般空气区，瓦斯燃烧完毕，冲击波没有了能量补充来源，所以总体上是衰减的。其影响因素主要有：

① 参与爆炸瓦斯量。参与爆炸的瓦斯量直接决定了瓦斯爆炸冲击波的强度，参与爆炸的瓦斯量越大冲击波的强度越大，反之则越小。

② 瓦斯浓度。正常情况下，瓦斯爆炸的浓度区间是 5%~16%，如果瓦斯浓度低于5%，则瓦斯很难被点燃；如果瓦斯浓度高于16%，高浓度瓦斯在新鲜气流作用下能够稀释到爆炸区间内，从而有爆炸危险性。研究表明，体积浓度为9.5%时瓦斯爆炸的威力最强；体积浓度低于9.5%时，因为氧气充足，瓦斯爆炸产生少量的 CO；体积浓度大于9.5%时，因为氧气不足，爆炸产生大量的 CO（数万 ppm），发生不完全燃烧。

③ 点火源的能量及点火位置。瓦斯的最小点火能量为 0.28mJ。加大点火

源的能量，瓦斯爆炸冲击波压力加大。这是因为初始的点火能量使得预混可燃瓦斯气体的自由基变多，支链反应速度加快的原因。点火位置对冲击波强度也有影响，这主要是冲击波遇到巷道壁面会发生反射，反射的压力波和正向压力波相重合使得冲击波强度变大。

④ 预混可燃气体的性质。根据化学活性将可燃气体分为低反应活性、中反应活性、高反应活性气体。化学活性越高气体的燃烧速度越快，产生的冲击波强度越大，反之则越小。矿井瓦斯中甲烷的含量比较大，还有乙烷、丙烷、硫化氢等可燃气体，甲烷的化学活性属低等，丙烷属于中等。如果预混可燃气体中含有煤尘、丙烷等化学活性高的可燃物参与的情况下，爆炸冲击波强度会加大，燃烧速度加快。

⑤ 巷道形状变化、障碍物等扰动源。在瓦斯燃烧区内，巷道形状(拐弯、分叉、截面变化)变化或障碍物等扰动源存在的情况下，使得瓦斯燃烧速度和冲击波的强度骤然加大。在一般空气区内，这些因素使得冲击波发生反射叠加，冲击波局部区域有加强现象，总体上冲击波是衰减的。

4. 甲烷爆炸的主要表征参数

(1) 燃烧速度与火焰传播速度

表征爆炸火焰运动的主要参数常用的有燃烧速度和火焰传播速度。燃烧速度是指火焰锋面与未燃混合气之间的相对速度。常温、常压下的层流燃烧速度为基本燃烧速度。火焰中有强烈的热流和扩散流，通常在运动的气流中传播，火焰的传播是热传导和扩散作用的结果，火焰传播速度由燃料的燃烧状况和火焰锋面前的气流扰动状况决定。燃烧速度和火焰速度二者可反映可燃气体发生爆炸的猛烈程度。火焰在湍流的作用下不断加速，从初始层流火焰向湍流火焰转变，若期间有不断的能量补充，火焰速度持续加速，在一定条件下可达到临界状态，出现爆燃转爆轰(DDT)现象，产生巨大的爆炸超压，造成严重的危害和破坏。由于燃烧速度不易定量测量，通常在实验研究中对火焰传播速度进行测试记录，分析气体爆炸传播过程。

(2) 爆炸压力峰值与爆炸压力上升速率

爆炸压力峰值可作为可燃气体爆炸的危险强度指标。可燃气体的爆炸威力指数为该可燃气体爆炸产生的最大爆炸压力与平均升压速度之积。爆炸压力上升速率为压差与时间差的比值。爆炸压力上升速率与燃烧速率成正相关关系，也是衡量爆炸强度的标准。甲烷混合气体的爆炸过程伴随着剧烈的燃烧现象，燃烧过程中产生大量燃烧产物，产生大量的热，使周围气体与爆炸产物迅速膨胀。气体爆炸产生的破坏作用不仅与爆炸压力峰值有关，爆炸压力上升速率也会产生一定的影响。爆炸所释放的能量和与爆源间的距离决定了冲击波的压力大小。当爆炸后产生的冲击波传播到达某一位置时，爆炸压力突然增大。爆炸冲击波经过以后，压力即刻衰减，不断震荡，逐渐衰减直至消失。

（3）点火能量

有足够能量的点火源是发生燃烧的三要素之一。最小点火能量是指能够使爆炸性气相混合物着火所需能量的最小值，即物质的静电火花极限感度。人体可产生 15mJ 的静电能量，而在室温和大气压条件下测得的甲烷最小点燃能量值为 0.28mJ，引爆甲烷的最小能量远远小于人体产生的静电能量值。由于所需的点火能量值通常很低，井下的火源几乎都可满足引起甲烷发生爆燃的条件。较高的点火能量缩短了诱导甲烷气体爆炸的感应期，使其更易被点燃。同时也为爆炸过程提供了更多的能量，使甲烷的爆炸压力上升速率变快，产生更大的爆炸压力峰值。

瓦斯爆炸事故会造成难以估量的损失，并且有些时候还会引发煤尘爆炸、火灾、通风设施破坏、顶底板事故等次生灾害。

根据瓦斯爆炸传播的物理机制，可以确定瓦斯爆炸的破坏和伤害体现在三个方面：火焰锋面（高温灼烧）、冲击波（超压破坏）和井巷大气成分（有毒有害气体）的变化。由于冲击波和爆燃波的存在，可以判定瓦斯气体爆炸传播实际上是冲击波和燃烧过程的耦合。根据冲击波传播特点，瓦斯爆炸传播存在显著的卷吸作用，即冲击波在传播过程中将携带经过地点的气体一同前进。这使得瓦斯爆炸的燃烧区域远大于原始气体分布区域。

关于瓦斯爆炸传播，根据质量、动量和能量守恒定律和 Chapman-Jouget 理论，已经建立了瓦斯爆炸传播的数学模型，由于其相关物理模型的复杂性，数学模型基本上不存在解析解。目前普遍采用数值求解方法，由于气体黏性存在且随机变化，数学模型的离散非常困难，因此，目前给出了几种简化解。主要有：在忽略黏性的前提下，给出了独头巷道瓦斯爆炸传播的数值解；在假设黏性为常数的前提下，给出了障碍物存在条件下的数值解等。

关于瓦斯爆炸，人们对井下受限空间瓦斯爆炸机理及传播进行了大量研究，但是没有发现新型材料或方法能够抑制冲击波和火焰对井下工作人员造成的伤害，也没有研制出相应的保护设备。

我对瓦斯爆炸事故灾后危险性评估技术还不够完善，救灾决策还主要是依赖专家组的经验判断，因为瓦斯爆炸事故爆炸地点、毒气扩散情况以及井下构筑物的破坏情况难以估算，我国应急救援体系还应进一步完善。目前，对瓦斯爆炸传播规律已经进行了比较系统的研究，积累了大量的经验，通过进一步整合，可为救灾决策提供理论支撑。

参 考 文 献

[1] 孙永明．桥梁工程[M]．成都：电子科技大学出版社，2016.

[2] 卢洁．桥梁工程中的力学问题分析[J]．中学物理教学参考，2014，12.

[3] 薛明德．力学与工程技术的进步[M]．第二版．北京：高等教育出版社，2017.

[4] 李文昊．大跨连续刚构-拱组合桥静动力分析[D]．重庆大学，2018.

[5] 蔚文杰，王楠，赵正松．工程失败与工程科学：以塔科马海峡大桥事故为例[J]．工程研究——跨学科视野中的工程，2020，10.

[6] 丁光宏．力学与现代生活[M]．上海：复旦大学出版社，2008.

[7] 关宝树，杨其新．地下工程概论[M]．四川：西南交通大学出版社，2003.

[8] 刘桦，仲政．力学与工程：21世纪工程技术发展与力学前沿[M]．上海：上海交通大学出版社，2009.

[9] 霍润科．隧道与地下工程[M]．北京：中国建筑工业出版社，2011.

[10] 朱建明，王树理，张忠苗．地下空间设计与实践[M]．北京：中国建筑工业出版社，2007.

[11] 姜玉松．地下工程施工[M]．重庆：重庆大学出版社，2014.

[12] 吴能森．地下工程结构[M]．武汉：武汉理工大学出版社，2010.

[13] 武际可．力学史杂谈[M]．北京：高等教育出版社，2009.

[14] 赖伶，佟颖．建筑力学与结构[M]．北京：北京理工大学出版社，2017.

[15] 冯铭．木结构与木构造在建筑中的应用[M]．南京：东南大学出版社，2015.

[16] 罗兴姬．建筑中的柱子之研究[D]．南昌大学，2005.

[17] 罗美洁．三峡工程与国外水利工程的文化比较——以胡佛、大古力、阿斯旺、伊泰普为例[J]．三峡论坛(理论版)，2014，（02）.

[18] 张贵金，喻和平，李梦成，等．力学在水利工程中应用[M]．北京：中国水利水电出版社，2018.

[19] 刘超．采动煤岩瓦斯动力灾害致灾机理及微震预警方法研究[D]．大连理工大学，2011.

[20] 许胜铭．复杂管道内瓦斯爆炸冲击波、火焰及有毒气体传播规律研究[D]．河南理工大学，2015.

[21] 田思雨．柔性置障条件下甲烷爆炸传播过程的数值模拟研究[D]．华北科技学院，2020.

[22] 赵阳升．多孔介质多场耦合作用及其工程响应[M]．北京：科学出版社，2010.

[23] 缪协兴，刘卫群，陈占清．采动岩体渗流理论[M]．北京：科学出版社，2004.

[24] 程远平．煤矿瓦斯防治理论与工程应用[M]．徐州：中国矿业大学出版社，2011.

[25] 陈祖煜．土质边坡稳定分析[M]．北京：中国水利水电出版社，2003.

[26] 王涛．FLAC3D数值模拟方法及工程应用[M]．北京：中国建筑工业出版社，2015.

[27] 曹兰柱，孙成亮，王东，等．FLAC(3D)的露天矿边坡变形破坏数值模拟分析[J]．辽宁工程技术大学学报(自然科学版)，2016，35(07)：679-682.

[28] 潘一山．煤与瓦斯突出、冲击地压复合动力灾害一体化研究[J]．煤炭学报，2016，41(01)：105-112.

[29] 骆行，张欢．机械工程力学[M]．成都：电子科技大学出版社，2013.

[30] 任彬，黄迪山．机械动力学[M]．上海：上海科学技术出版社，2018.

[31] 孟光，周徐斌，苗军．航天重大工程中的力学问题[J]．力学进展，2016，46；270-321.